Sitzungsberichte

der

mathematisch-naturwissenschaftlichen Abteilung

der

Bayerischen Akademie der Wissenschaften

zu München

Jahrgang 1927

München 1927
Verlag der Bayerischen Akademie der Wissenschaften
in Kommission des Verlags R. Oldenbourg München

Akademische Buchdruckerei F. Straub in München

Inhaltsübersicht.

I. Sitzungsberichte.

II. Abhandlungen.

Sitzung am 14. Mai

1. Herr E. Stromer von Reichenbach trägt vor über seine Arbeit über:

Die Plagiostomi (Haie und Rochen) der Baharîje-Stufe nebst einem Anhang über Rückenflossenstacheln der Elasmobranchii (Haie, Rochen und Seekatzen).

Sie soll als 9. Fortsetzung der Arbeiten über „Wirbeltier-Reste der Baharîje-Stufe“ in der 2. Abteilung der „Ergebnisse der Forschungsreisen Prof. E. Stromers in den Wüsten Ägyptens“ in den Abhandlungen der Akademie erscheinen.

Die Bearbeitung der fast nur aus einzelnen Zähnen, Stacheln und Wirbeln bestehenden Reste, darunter am häufigsten von mesozoischen Haifischen mit 2 Rückenflossenstacheln (Hybodontidae) und von einem ältesten Sägehai (Onchopristis), ergab die Feststellung einer Anzahl neuer Arten fast nur von bodenbewohnenden Seichtwasserformen. Die Untersuchung und der Vergleich von Form und Struktur vieler Flossenstacheln verschiedener Zeitalter lieferte außer sehr wichtigen systematischen und stammesgeschichtlichen Ergebnissen vor allem den ersten Nachweis gesetzmäßiger Umwandlungen von Zahnbeinstrukturen im Laufe geologischer Zeiten. (Erscheint in den Abhandlungen.)

2. Herr F. Lindemann legt eine Arbeit vor von Fräulein Dr. Josephine Kapfer:

Über isogonale Flächen zweiter Art.

(Erscheint in den Sitzungsberichten.)

3. Herr S. Finsterwalder berichtet über seine Arbeit:

Über Flächen, auf welchen sich unendlich kleine Kurven nach allen Richtungen verschieben lassen.

Die verschiebbaren Kurven sind entweder geschlossen (Ringe) oder Kreuze mit gebogenen Balken und entstehen als Schnitt zweier Paraboloide mit gemeinsamer Achse. Die zugehörigen Flächen sind durch eine quadratische Beziehung zwischen den Hauptkrümmungen gekennzeichnet. Sonderfälle sind die Minimalflächen, die Flächen konstanter mittlerer Krümmung, die Flächen konstanter Hauptkrümmungsdifferenz und die Flächen konstanten Hauptkrümmungsverhältnisses. Für die Flächen mit verschiebbaren Kreuzen wird eine mechanische Konstruktion gegeben.

(Erscheint in den Sitzungsberichten.)

4. Herr S. Finsterwalder legt eine Arbeit von Observator Dr. K. Schütte vor über:

Das Ergebnis der Schweremessungen im Ries.

Die Bayerische Kommission für internationale Erdmessung bei der Akademie der Wissenschaften hat die älteren Schweremessungen im Ries durch ihre Observatoren Dr. Zinner und Dr. Schütte verdichten lassen, wodurch eine negative Schwereanomalie festgestellt werden konnte, deren Zentrum bei Dürrenzimmern gelegen ist. Ihre Umgrenzung stützt sich auf 20 Schwerestationen.

(Erscheint in den Sitzungsberichten.)

5. Herr A. Pringsheim trägt vor:

Über bemerkenswerte Singularitätenbildungen bei gewissen Partialbruchreihen.

Es handelt sich um Reihen von der Form $\delta(x) = \dfrac{\Sigma c_\nu}{x - a_\nu}$, wo die a_ν eine abzählbare Menge bilden, deren Häufungsstellen a' auf einem Kreise $\mathfrak{K}$ überall dicht liegen. Dabei sind zwei Fälle zu unterscheiden:

I. Von den auf $\mathfrak{K}$ überall dicht liegenden a' ist eine abzählbare Menge unter den a_ν enthalten, während kein a_ν im Innern von $\mathfrak{K}$ liegen soll. Dann ist zwar längst bekannt, daß $\mathfrak{K}$ eine singuläre Linie für die durch $\delta(x)$ definierte Innenfunktion bildet, wenn $\Sigma |c_\nu|$ als konvergent vorausgesetzt wird. Hier wird zum ersten Mal gezeigt, daß bei Verzicht auf diese Voraussetzung wirklich das Gegenteil eintreten kann.

II. Die a_ν liegen durchwegs außerhalb $\mathfrak{K}$ und nur Häufungsstellen liegen auf $\mathfrak{K}$. Dann war zunächst bekannt, daß $\mathfrak{K}$ in gewissen Spezialfällen eine singuläre Linie für die Innenfunktion bildet. Die von Herrn Borel angeregte Frage, ob dies stets der Fall ist, blieb 30 Jahre lang eine offene und wurde erst 1921 durch Herrn Wolff (Utrecht) in verneinendem Sinne gelöst. Der Verfasser gibt für die in etwas erweiterter und prägnanterer Form gefaßte Lösung eine wesentlich elementarere Herleitung und knüpft daran eine Anwendung, welche geeignet erscheint, unsere Anschauung über die Tragweite der Begriffe „analytischer Ausdruck" und „analytische Funktion" in gewissem Sinne zu vervollständigen.

(Erscheint in den Sitzungsberichten.)

Sitzung am 15. Juni

1. Herr S. Finsterwalder legt eine Arbeit von Privatdozent Dr. Robert Sauer vor:

Über die allgemeine räumliche Anordnung von geraden Linien zu scheinbaren Dreiecksnetzen.

Linienanordnungen der genannten Art projizieren sich von allen Punkten einer oder mehrerer Geraden als ebene Dreiecksnetze. Am bemerkenswertesten sind bestimmte Geradenanordnungen auf Regelflächen 4. O., welche von jedem Punkte jeder Geraden der Anordnung aus projiziert als ebene Dreiecksnetze erscheinen.

(Erscheint in den Sitzungsberichten.)

2. Herr A. Pringsheim berichtet über eine Arbeit von O. Szász (Frankfurt a. M.):

Elementare Extremalprobleme über nichtnegative trigonometrische Polynome.

Im Anschluß an Arbeiten von Fejér, Szász und v. Egervary werden gewisse Extremalprobleme über trigonometrische Polynome auf elementarem Wege gelöst.

Unter anderem wird bewiesen:

Aus

$$\tau(t) = 1 + \sum_{1}^{n} (\alpha_\nu \cos \nu t + \beta_\nu \sin \nu t) \geqq 0 \qquad 0 \leqq t \leqq 2\pi$$

folgt

$$|\alpha_\varkappa - i\beta_\varkappa| \leqq 2 \cos \frac{\pi}{\left[\frac{n}{\varkappa}\right] + 2} \qquad \varkappa = 1, 2 \ldots n$$

$$\alpha_\varkappa - i\beta_\varkappa| + |\alpha_{n-\varkappa+1} - i\beta_{n-\varkappa+1}| \leqq 2$$

$$\sum_{1}^{n} |\beta_\nu| \leqq \operatorname{cotg} \frac{\pi}{2(n+1)}.$$

Auch die Fälle für die Gültigkeit des Gleichheitszeichens werden bestimmt. (Erscheint in den Sitzungsberichten.)

Sitzung am 2. Juli

1. Herr L. Döderlein berichtet über eine umfangreiche Sammlung von

„Euryalae („Medusenhaupt“ und Verwandte) aus dem Indo-Pazifischen Gebiet“,

auffallende Tierformen, die meist nur als Seltenheiten aus größeren Tiefen erbeutet werden.

Der größte Teil des vorliegenden Materials stammt von den Forschungsexpeditionen des Amerikanischen Fischereidampfers „Albatroß“, dessen Sammlungen von den Philippinen und von den Westamerikanischen Gewässern dem Vortragenden vom Museum in Washington zur Bearbeitung überlassen worden waren. Es ergaben sich wichtige Resultate über den Bau, die Verwandtschaftsverhältnisse und die Verbreitung zahlreicher schon beschriebener Formen, neben denen sich auch eine Anzahl bisher noch unbekannter Arten fanden. Besonderes Interesse verdienten darunter Arten aus den Gattungen Gorgonocephalus, Astroboa, Astrochalcis sowie von Asteronyx.

(Erscheint in den Abhandlungen.)

2. Herr A. Wilkens hält einen Vortrag:

Zur Erklärung der Planetoidenlücken im Sonnensystem.

Auf Grund mechanischer Quadratur der Differentialgleichungen der Variation der Konstanten im restringierten Dreikörperproblem wird gezeigt, daß diejenigen Körper, deren ungestörte mittlere Bewegung genau doppelt so groß wie die des Jupiters ist (Hecubatypus), in der gestörten Bewegung asymptotisch aus der Stelle der strengen Kommensurabilität entfernt werden, was analytisch zu beweisen bisher unmöglich war. Nach Ablauf von rund 200 Jahren, entsprechend 18 Umläufen von Jupiter resp. 36 Umläufen von Hecuba ist die asymptotische Entfernung aus der Kommensurabilitätsstelle beendet, nachdem die mittlere Bewegung um 11″ gegen den Ausgangswert angewachsen ist, und nunmehr die der Kommensurabilitätsnähe entsprechenden Oszilationen um den erreichten Wert von n in Wirksamkeit treten. Damit ist erwiesen, daß die Ursache der Lücken im System der Planetoiden in der Gravitation ihren Ursprung haben.

(Erscheint in den Sitzungsberichten.)

Über isogonale Flächen 2. Art.

Von **Josephina Kapfer.**

Vorgelegt von F. Lindemann in der Sitzung am 14. Mai 1927.

In diesem zweiten Teil meiner Arbeit „Über Isogonalität von Flächen"[1]) werden, entsprechend der zweifachen Möglichkeit einer Definition von Flächenisogonalität, die isogonalen Flächen 2. Art behandelt. Die Bedingungsgleichung hiefür wird aufgestellt und gelöst. Der enge Zusammenhang zwischen Isogonalität von Linienelementen und isometrischen bezw. konformen Flächen wird dargelegt und die lineare partielle Differentialgleichung 2. Ordnung, welche Flächen, konform einer gegebenen Fläche, bestimmen läßt, ermittelt. Diese Gleichung dürfte bisher noch nicht abgeleitet worden sein. Die Arbeit erbringt ferner den Nachweis der Identität des Problems isogonaler Flächen, deren korrespondierende Linienelemente in konstantem Verhältnis stehen, mit der Frage der Flächenverbiegung. Die Richtigkeit der Umkehrung der von Bonnet für assoziierte Minimalflächen gefundenen Sätze bzw. der Zusammenhang der Schwarzschen Minimalflächen mit isogonaler Isometrie wird nachgewiesen. Schließlich wird gezeigt, wie eine Verallgemeinerung der von Darboux und Weingarten angewandten Methoden (zur Lösung des Problems der unendlich kleinen Flächendeformation, bzw. Bestimmung der Orthogonalflächen) sich für die Ermittlung von isogonalen Flächen 2. Art verwenden läßt.

---

[1]) Vgl. Sitzungsberichte d. Bayer. Akad. d. Wissensch., 16. Jan. 1926, S. 63—81.

§ 1.

Angabe des Problems — Lösung.

Entspricht dem Wertepaar u, v der u, v Mannigfaltigkeit der Punkt P auf der Fläche S und der Punkt P_2 auf der Fläche S_2, ferner der Richtung $\frac{dv}{du}$ durch u, v die Richtung $\varkappa$ durch P auf S und die Richtung $\varkappa_2$ durch P_2 auf S_2, so heißen S und S_2 isogonale Flächen 2. Art, wenn die Linienelemente mit den Richtungen $\varkappa$ und $\varkappa_2$ für jedes $u, v, \frac{dv}{du}$ im Definitionsbereich den konstanten Winkel ω einschließen.

Es seien x, y, z die rechtwinkeligen Koordinaten der Punkte P einer Fläche S, deren Parameter die beiden unabhängigen Variablen u und v sind, S demnach analytisch bestimmt durch die folgenden Gleichungen:

$$x = f_1(u, v), \qquad y = f_2(u, v), \qquad z = f_3(u, v).$$

Dabei sei vorausgesetzt, daß die Funktionen f_1, f_2, f_3, wenigstens in einem gewissen Bereich, eindeutig und unbegrenzt differentiierbar sein sollen. Mit

$$ds;\ \alpha, \beta, \gamma;\ X, Y, Z;\ E, F, G;\ L, M, N;\ K = \frac{LN - M^2}{EG - F};\ H$$

seien in obiger Reihenfolge: das Linienelement der Fläche S, die Richtungskosinus der Tangente an dasselbe, die Richtungskosinus der Flächennormalen, die Fundamentalgrößen 1. und 2. Ordnung für die Fläche (in der Benennung von Scheffers), das Gaußsche Krümmungsmaß und die mittlere Krümmung von S bezeichnet. Für die Fläche S_2 mögen dieselben Bezeichnungen mit dem Index 2 analoge Bedeutung haben.

Der vorstehenden Definition isogonaler Flächen 2. Art entspricht als Bedingungsgleichung für ein Paar derselben die Beziehung:

$$(1) \qquad \underline{\alpha\alpha_2 + \beta\beta_2 + \gamma\gamma_2 = \cos\omega = \text{konstant} = k.}$$

Liniengeometrisch gedeutet lautet das Problem:

Gegeben ist der Komplex der ∞^3 Tangenten an eine Fläche S, angeordnet in ∞^2 Strahlenbüscheln, von welchen jedes in einer Tangentialebene an diese Fläche in P, dem Büschelzentrum, gelegen ist. Die mit diesen Tangenten in den Punkten P von S den Winkel ω einschließenden Geraden bilden in ihrer Gesamtheit ∞^1 Geradenkomplexe, dargestellt durch die Mantellinien von ∞^3 Drehkegeln, deren Öffnungswinkel konstant und eben jener Winkel ω ist, deren Spitzen die ∞^2 Punkte P der Fläche S, deren Achsen die Tangenten dieser Fläche sind und deren Seitenlinien, als Tangenten der Flächen S_2, deren Linienelemente enthalten. Die Gesamtheit dieser Kegelmantellinien ist in Tangentenkomplexen von Flächen S_2 anzuordnen.

Die Bedingungsgleichung (1) für die Isogonalität von Flächen S und S_2 kann in folgender Form geschrieben werden:

$$\text{(1a)} \qquad \frac{dx}{ds}\cdot\frac{dx_2}{ds_2}+\frac{dy}{ds}\cdot\frac{dy_2}{ds_2}+\frac{dz}{ds}\cdot\frac{dz_2}{ds_2}=k,$$

oder:

$$\frac{ds_2}{ds}=\frac{1}{\cos\omega}\sum\frac{dx}{ds}\cdot\frac{dx_2}{ds}.$$

Setzt man für dx, dy, dz; dx_2, dy_2, dz_2 die Werte ein:

$$dx = x_u\,du + x_v\,dv^{1)} \text{ usf.}$$

und multipliziert aus, so erhält man:

$$\frac{ds_2}{ds}=\frac{1}{\cos\omega}\cdot\frac{\sum x_u x_{2u}+(\sum x_u x_{2v}+\sum x_v x_{2u})\frac{dv}{du}+\sum x_v x_{2v}\left(\frac{dv}{du}\right)^2}{\sum x_u^2+2\sum x_u x_v\cdot\frac{dv}{du}+\sum x_v^2\left(\frac{dv}{du}\right)^2}$$
$$=f\left(u, v, \frac{dv}{du}\right).$$

Gewöhnlich ist also $\frac{ds_2}{ds}$ eine Funktion von u, v und $\frac{dv}{du}$. Bemerkenswert ist der Fall, daß gilt:

---

1) Die der Funktionsbezeichnung beigefügten Indices u und v bedeuten die partielle Differentiation nach u bzw. v.

$$\frac{d s_2}{d s} = f(u v),$$

wobei f eine beliebige, aber für jeden Punkt P der Fläche S geltende Funktion der beiden Unabhängigen u und v ist. Es ist dann der Zähler des Bruches

$$\frac{\sum x_u x_{2u} + (\sum x_u x_{2v} + \sum x_v x_{2u}) \frac{dv}{du} + \sum x_v x_{2v} \left(\frac{dv}{du}\right)^2}{\sum x_u^2 + 2 \sum x_u x_v \cdot \frac{dv}{du} + \sum x_v^2 \left(\frac{dv}{du}\right)^2}$$

ein Vielfaches des Nenners, die Flächen S und S_2 sind konform aufeinander bezogen und es schließt ersichtlich das Problem der isogonalen Flächen 2. Art als Teilaufgabe in sich die Bestimmung von Flächen S_2, welche einer gegebenen Fläche S durch Konformität der Abbildung in korrespondierenden Punkten zugeordnet sind.

In diesem Falle gilt für jedes $\frac{dv}{du}$:

$$\sum \left(x_u + x_v \frac{dv}{du}\right) \cdot \left(x_{2u} + x_{2v} \frac{dv}{du}\right) = f \cos \omega \sum \left(x_u + x_v \frac{dv}{du}\right)^2,$$

d. h. es ergeben sich die drei Gleichungen:

$$\sum x_u (x_{2u} - k f x_u) = 0. \tag{2}$$

$$\sum x_v (x_{2u} - k f x_u) + \sum x_u (x_{2v} - k f x_v) = 0. \tag{3}$$

$$\sum x_v (x_{2v} - k f x_v) = 0. \tag{4}$$

Gleichung (2) kann ersetzt werden durch das System der drei Gleichungen:

$$\begin{aligned} x_{2u} - k f x_u &= n y_u - m z_u \\ y_{2u} - k f y_u &= l z_u - n x_u \\ z_{2u} - k f z_u &= m x_u - l y_u. \end{aligned} \tag{2a}$$

Gleichung (4) ist identisch mit dem System:

$$\begin{aligned} x_{2v} - k f x_v &= \nu y_v - \mu z_v \\ y_{2v} - k f y_v &= \lambda z_v - \nu x_v \\ z_{2v} - k f z_v &= \mu x_v - \lambda y_v. \end{aligned} \tag{4a}$$

Dabei sind l, m, n, bzw. λ, μ, ν willkürliche Funktionen von u und v. Setzt man:

$$\begin{aligned} l &= \lambda, \\ m &= \mu, \\ n &= \nu, \end{aligned}$$

so ist auch Gleichung (3) erfüllt.

Man differentiiert die Gleichungen (2a) nach v, die Gleichungen (4a) nach u, setzt die beiden jeweils hiedurch gefundenen Werte von $\frac{\partial^2 x_2}{\partial u \partial v}, \frac{\partial^2 y_2}{\partial u \partial v}, \frac{\partial^2 z_2}{\partial u \partial v}$ einander gleich und erhält so die drei Gleichungen:

$$\begin{aligned} & k(xf) + (y\nu) - (z\mu) = 0 \\ (5) \qquad & k(yf) + (z\lambda) - (x\nu) = 0 \\ & k(zf) + (x\mu) - (y\lambda) = 0, \end{aligned}$$

wobei $(xf) = x_u f_v - f_u x_v$.

Da die drei Gleichungen (5) nebeneinander bestehen müssen, so sind die Funktionen λ, μ, ν an die Bedingung gebunden:

$$(6) \qquad \begin{vmatrix} x_u & x_v & (y\nu) - (z\mu) \\ y_u & y_v & (z\lambda) - (x\nu) \\ z_u & z_v & (x\mu) - (y\lambda) \end{vmatrix} = 0.$$ [1])

Ist diese Bedingung erfüllt, so läßt sich die Funktion f folgendermaßen bestimmen:

Man differentiiert die erste der Gleichungen (5) nach u, woraus folgt:

$$(5a) \quad k(f_{uv} x_u + f_v x_{uu} - f_{uu} x_v - f_u x_{uv}) = \nu_{uu} y_v + \nu_u y_{uv} - \nu_{uv} y_u - \nu_v y_{uu} + \mu_{uv} z_u + \mu_v z_{uu} - \mu_{uu} z_v - \mu_u z_{uv} = A',$$

dieselbe Gleichung nach v, woraus sich ergibt:

$$(5b) \quad k(f_{vv} x_u + f_v x_{uv} - f_{uv} x_v - f_u x_{vv}) = \nu_{uv} y_v + \nu_u y_{vv} - \nu_{vv} y_u - \nu_v y_{uv} - \mu_{vv} z_u + \mu_v z_{uv} - \mu_{uv} z_v - \mu_u z_{vv} = B',$$

---

[1]) Werte λ, μ, ν, welche dieser Bedingung genügen, lassen sich finden. Eingesetzt in die Determinante (6), ergibt deren Ausrechnung zugleich einschränkende Bestimmungen für jene Flächen, für welche diese Werte anwendbar sind. Setzt man z. B. $\lambda = X$, $\mu = Y$, $\nu = Z$, so folgt durch Ausrechnung aus (6), daß diese Substitution brauchbar ist für a) Minimalflächen, b) Tangentenflächen von Minimalkurven. Vgl. hiezu auch § 2.

isoliert hierauf f_{uv} aus (5a) und (5b), setzt die beiden so gefundenen Werte für f_{uv} einander gleich und erhält nach einiger Umformung;

$$(7\text{a})\quad k(f_{uu}x_v^2 - f_{vv}x_u^2 + f_u(x_v x_{uv} + x_u x_{vv}) - f_v(x_u x_{uv} + x_v x_{uu})) + A' x_v + B' x_u = 0.$$

Mit den zweiten und dritten Gleichungen (5) verfährt man ebenso, wodurch sich ergibt:

$$(7\text{b})\quad k(f_{uu}y_v^2 - f_{vv}y_u^2 + f_u(y_v y_{uv} + y_u y_{vv}) - f_v(y_u y_{uv} + y_v y_{uu})) + A'' y_v + B'' y_u = 0,$$

$$(7\text{c})\quad k(f_{uu}z_v^2 - f_{vv}z_u^2 + f_u(z_v z_{uv} + z_u z_{vv}) - f_v(z_u z_{uv} + z_v z_{uu})) + A''' z_v + B''' z_u = 0.$$

Schließlich erhält man durch Addition dieser drei Gleichungen (7) die partielle lineare Differentialgleichung zweiter Ordnung zur Bestimmung von f und damit zur Ermittlung der einer Fläche S konformen und zugleich isogonalen Flächen S_2:

$$k(f_{uu}G - f_{vv}E + f_u F_v - f_v F_u) + \sum A' x_v + \sum B' x_u = 0.$$

Durch Variation 1: der Funktionen λ, μ, ν und damit der Funktion f, d. i. des Verhältnisses entsprechender Bogenelemente der Flächen S und S_2 einerseits,

2: des Wertes des konstanten Winkels ω und damit der Größe k anderseits ergeben sich spezielle Fälle der Flächenisogonalität.

§ 2.

Isometrisch-isogonale Flächen 2. Art.

In der Variation des Wertes der Funktion f ist von besonderem Interesse der Fall:

$$\frac{ds_2}{ds} = f(u, v) = \text{konstant}.$$

Wählt man speziell:

$$f = 1,$$

so ergibt sich hiermit: die Bestimmung der zu einer Fläche S isometrischen Fläche S_2 ist eine Teillösung der Aufgabe, die zu S isogonalen Flächen 2. Art zu ermitteln.

In diesem Falle der Isometrie erhalten die Gleichungen (5), S. 97 die Form:

$$(y\nu) - (z\mu) = 0$$
$$(z\lambda) - (x\nu) = 0$$
$$(x\mu) - (y\lambda) = 0.$$

Damit sind die Bestimmungsgleichungen für die Zulässigkeit von Werten λ, μ, ν aufgestellt. — Die im Folgenden angegebene Methode führt zur Darstellung der Punktkoordinaten x_2, y_2, z_2 von S_2 in integrabler Form, damit auch zur Ermittlung verwendbarer Werte λ, μ, ν in dieser Überlegung:

Die Gleichung (1a), S. 95, kann ersetzt werden durch das System der drei Gleichungen:

$$\begin{aligned} dx_2 &= (c\,dy - b\,dz + k\,dx)\frac{ds_2}{ds} \\ dy_2 &= (a\,dz - c\,dx + k\,dy)\frac{ds_2}{ds} \qquad (1\text{b}) \\ dz_2 &= (b\,dx - a\,dy + k\,dz)\frac{ds_2}{ds}. \end{aligned}$$

Dabei sind a, b, c Funktionen von u und v, mit deren diese Gleichungen befriedigenden Bestimmung die Lösung des Problems gegeben ist, wenn wir voraussetzen, daß die isogonalen Flächen S und S_2 in den korrespondierenden Punkten zugleich isometrisch sind, also das Verhältnis entsprechender Linienelemente $\frac{ds_2}{ds} = 1$[1]) ist.

Hierdurch erhalten wir aus Gleichung (1b):

$$\begin{aligned} dx_2 &= c\,dy - b\,dz + k\,dx \\ dy_2 &= a\,dz - c\,dx + k\,dy \qquad (1\text{c}) \\ dz_2 &= b\,dx - a\,dy + k\,dz. \end{aligned}$$

[1]) Die Annahme eines konstanten, aber von 1 verschiedenen Verhältnisses $\frac{ds_2}{ds} = \sigma$ der Linienelemente beider Flächen würde nur eine Maßstabsveränderung der Koordinaten der Fläche S_2 bedingen. Statt k wäre in den einschlägigen Formeln zu setzen: $k' = k \cdot \sigma$; $a' = a \cdot \sigma$; $b' = b \cdot \sigma$; $c' = c \cdot \sigma$. Da hiedurch keine wesentlich neuen Gesichtspunkte geschaffen würden, blieb dieser Fall unberücksichtigt.

Geometrisch betrachtet handelt es sich hier um Flächen, deren sämtliche entsprechende Kurven längentreu sind und bei welchen die Tangenten jener Kurven in korrespondierenden Punkten jeweils konstanten Winkel einschließen.

Kinematisch betrachtet, um die Angabe der Beziehungen zwischen zwei Flächen, auf welchen sich Punkte mit derselben Geschwindigkeit bewegen, wobei deren Bahntangenten sich unter gleichem Winkel schneiden.

Da $$dx = x_u\,du + x_v\,dv, \text{ u. s. f.,}$$
so folgt:

$$x_{2u} = k\,x_u + c\,y_u - b\,z_u$$
$$x_{2v} = k\,x_v + c\,y_v - b\,z_v \tag{2}$$

nebst den analogen Formeln für y und z.

Unter Berücksichtigung der durch Voraussetzung der Isometrie der beiden Flächen geltenden Formeln:

$$E_2 = \sum x_{2u}^2 \quad = E$$
$$F_2 = \sum x_{2u}\,x_{2v} = F$$
$$G_2 = \sum x_{2v}^2 \quad = G$$

ergibt sich durch Quadrieren der Gleichung (2) für x_2u:

$$E(1-k^2) = E(a^2+b^2+c^2) - (a\,x_u + b\,y_u + c\,z_u)^2.$$

Diese Gleichung wird befriedigt, wenn man setzt:

$$a^2+b^2+c^2 = 1-k^2 = \sin^2\omega$$
$$a\,x_u + b\,y_u + c\,z_u = 0.$$

Bezeichnet man:

$$a = \pm\sqrt{1-k^2}\,\bar{a}; \quad b = \pm\sqrt{1-k^2}\,\bar{b}; \quad c = \pm\sqrt{1-k^2}\,\bar{c},$$

so folgt: die Gerade mit den Richtungskosinus $\bar{a}$, $\bar{b}$, $\bar{c}$ steht senkrecht zur Tangente an die Parameterkurve $v =$ konstant der Fläche S.

Analog ergibt sich aus der Gleichung (2) für x_{2v}:

$$G(1-k^2) = G(a^2+b^2+c^2) - (a\,x_v + b\,y_v + c\,z_v)^2,$$

hieraus:

$$a^2+b^2+c^2 = 1-k^2$$
$$a\,x_v + b\,y_v + c\,z_v = 0,$$

d. h.: Die Gerade mit den Richtungskosinus $\bar{a}, \bar{b}, \bar{c}$ steht auch senkrecht zur Tangente an die Parameterkurve $u =$ konstant der Fläche S, also senkrecht zu der durch diese beiden Tangenten bestimmten Berührungsebene an S in P: sie ist parallel der Flächennormalen von S in P.

Somit erhält man:

$$x_{2u} = k x_u \pm \sqrt{1-k^2}\,(y_u Z - z_u Y);$$
$$x_{2v} = k x_v \pm \sqrt{1-k^2}\,(y_v Z - z_v Y).$$

Außerdem muß sein:

$$\frac{\partial^2 x_2}{\partial u\,\partial v} = \frac{\partial^2 x_2}{\partial v\,\partial u}$$
$$\frac{\partial^2 y_2}{\partial u\,\partial v} = \frac{\partial^2 y_2}{\partial v\,\partial u}.$$

Diese Bedingungen sind, wie sich nach Einsetzen der Werte von a, b, c durch Ausrechnen ergibt, erfüllt, wenn die Beziehungen gelten:

$$(y_u z_v - z_u y_v)(EN - 2FM + GL) = 0$$
$$(z_u x_v - x_u z_v)(EN - 2FM + GL) = 0$$
$$(x_u y_v - y_u x_v)(EN - 2FM + GL) = 0.$$

d. h. Isogonal-isometrische Flächen von S können angegeben werden:

a) wenn:

$$X = Y = Z = 0,$$

demnach auch:

$$\sqrt{D} = \sqrt{EG - F^2} = 0,$$

also für Tangentenflächen von Minimalkurven, insbesondere Nullkugeln, Zylinder von Minimalgeraden;

b) wenn:

$$EN - 2FM + GL = 0,$$

d. h. die mittlere Krümmung H von S gleich 0, S also eine Minimalfläche ist.

Die Darstellung der rechtwinkeligen Koordinaten der isogonal-isometrischen Fläche S_2 erfordert demnach nur eine Quadratur:

$$(3) \qquad x_2 = \int [k x_u \pm \sqrt{1-k_2}\,(Z y_u - Y z_u)]\,du$$
$$+ [k x_v \pm \sqrt{1-k^2}\,(Z y_v - Y z_v)]\,dv;$$

y_2 und z_2 haben die durch Vertauschung von x mit y, z; X mit Y, Z hervorgehenden Werte.

Diese drei Gleichungen (3) für x_2, y_2, z_2 geben die Einordnung des besonderen Falles der Isometrie in die allgemeine Problemstellung, wenn man in Gleichung (2a) und Gleichung (4a), S. 96, setzt:

$$f = 1;$$
$$l = \lambda = a = \pm \sqrt{1-k^2}\, X$$
$$m = \mu = b = \pm \sqrt{1-k^2}\, Y$$
$$n = \nu = c = \pm \sqrt{1-k^2}\, Z.$$

§ 3.

Zusammenhang der Isogonal-Isometrie mit Flächenverbiegung.

Schon die von Moutard[1]) gegebene geometrische Deutung der Grundgleichung der unendlich kleinen Verbiegung von Flächen (Orthogonalität entsprechender Linienelemente zweier Flächen) ließ einen engeren Zusammenhang zwischen Isogonalität im allgemeinen (ohne Beschränkung auf den rechten Winkel) und Flächendeformation vermuten. Die nun folgenden Ausführungen erbringen den Nachweis dieser Beziehung isogonaler Isometrie mit der Verbiegung von Flächen:

Die zu deformierende Fläche sei S, die durch Verbiegung aus ihr hervorgehende Fläche S_0 mit den rechtwinkeligen Koordinaten x_0, y_0, z_0 ihrer Punkte P_0. Wird die Fläche S einer Deformation unterworfen, so gehen x, y, z über in

$$x + \varepsilon x_2, \quad y + \varepsilon y_2, \quad z + \varepsilon z_2,$$

wo ε eine Konstante bedeutet und x_2, y_2, z_2 zu bestimmende Funktionen von u und v sind.

---

[1]) Vgl. Moutard, Sur la déformation des surfaces, Bulletin de la Société Philomathique, 1869. S. 45, ferner Mémoire et Note, Comptes rendus, 70. Band, S. 834.

Die Punkte P_0 der durch Verbiegung aus S erhaltenen Fläche S_0 besitzen demnach die Koordinaten:

$$x_0 = x + \varepsilon x_2, \quad y_0 = y + \varepsilon y_2, \quad z_0 = z + \varepsilon z_2.$$

Die Bedingung einer Deformation ohne Zerrung ist gegeben durch die Gleichung:

$$ds_0 = ds,$$

d. h.

$$ds_0^2 = ds^2 + \varepsilon^2 ds_2^2 + 2\varepsilon(dx\, dx_2 + dy\, dy_2 + dz\, dz_2),$$

woraus durch Umformung folgt:

$$(1) \qquad \left(\frac{dx}{ds}\cdot\frac{dx_2}{ds_2} + \frac{dy}{ds}\cdot\frac{dy_2}{ds_2} + \frac{dz}{ds}\cdot\frac{dz_2}{ds_2}\right)\cdot\frac{ds}{ds_2} = -\frac{\varepsilon}{2}.$$ [1]

Setzen wir voraus, daß:

$$\frac{ds}{ds_2} = 1$$

(bzw. $= c_0$, wo c_0 eine beliebige[2]) Konstante bedeutet),

d. h. daß die Flächen S und S_2 isometrisch bzw. konform sind, so erhalten wir aus Gleichung (1) die Beziehung:

$$\frac{dx}{ds}\cdot\frac{dx_2}{ds_2} + \frac{dy}{ds}\cdot\frac{dy_2}{ds_2} + \frac{dz}{ds}\cdot\frac{dz_2}{ds_2} = \text{konstant}$$

oder:

$$\alpha\cdot\alpha_2 + \beta\cdot\beta_2 + \gamma\cdot\gamma_2 = \text{konstant.}$$

Diese Relation ist vollkommen identisch mit der Grundgleichung der Isogonalität von Linienelementen, Gl. (1), S. 94, d. h. die Bestimmung der Komponenten x_2, y_2, z_2 der rechtwinkeligen Projektionen des die Deformation der Fläche S charakterisierenden Verschiebungsvektors auf die Koordinatenachsen ist gleichbedeutend mit Angabe der rechtwinkeligen Punktkoordinaten der zur Fläche S isogonalen und isometrischen bzw. ähnlichen Fläche S_2.

---

1) Diese Gleichung wurde, soweit der Verf. bekannt ist, aus der Forderung stetiger Verbiegung bis jetzt noch nie abgeleitet. Vgl. z. B. Hugo Dingler, Dissertation: Beiträge zur Kenntnis der infinitesimalen Deformation einer Fläche. München 1907, S. 6.

2) Bei gegebenem ε ist die Größe c_0 limitiert — und umgekehrt —, da für $\cos\omega$ (ω Winkel entsprechender Linienelemente) die Beziehung bestehen muß:

$$-1 \leq \cos\omega \leq +1.$$

§ 4.

Zusammenhang der Isogonal-Isometrie mit dem Problem assoziierter Minimalflächen.

Die Berechnung der Richtungskosinus der Normalen der Fläche S_2 ergibt, unter Berücksichtigung der Formeln für x_{2u}, y_{2u}, z_{2u} (Gl. 3, S. 102), enthaltend die Voraussetzung der Isometrie, daß:

$$X_2 = X, \quad Y_2 = Y, \quad Z_2 = Z,$$

d. h. die Normalen der zu S isogonal-isometrischen Fläche S_2 sind parallel den Normalen von S in den entsprechenden Punkten.

Für die Fundamentalgrößen 2. Ordnung von S_2 erhält man die Werte:

$$L_2 = kL \pm \sqrt{\frac{1-k^2}{D}}(EM - FL),$$

$$M_2 = kM \pm \sqrt{\frac{1-k^2}{D}}(FM - GL) = kM \mp \sqrt{\frac{1-k^2}{D}}(EN - FM),$$

$$N_2 = kN \pm \sqrt{\frac{1-k^2}{D}}(FN - GM).$$

Für die mittlere Krümmung errechnet man:

$$H_2 = kH \pm \sqrt{\frac{1-k^2}{D}}\, FH.$$

Das Krümmungsmaß ergibt sich zu:

$$K_2 = K + (1-k^2)(FM - GL)\frac{H}{D^2} \pm k\sqrt{1-k^2}\,\frac{MH}{D^{3/2}}$$

oder:

$$K_2 = K + (1-k^2)(EN - FM)\frac{H}{D^2} \pm k\sqrt{1-k^2}\,\frac{MH}{D^{3/2}}.$$

Die Einschränkung der Zulässigkeit der Formeln für isogonale Isometrie auf die Tangentenflächen von Minimalkurven, für welche die Definition der Fundamentalgrößen 2. Ordnung, bzw. der Krümmung K versagt, und auf die Minimalflächen, bei welchen:

$$H = 0,$$

ergibt, daß die Flächen S_2 wieder Tangentenflächen von Minimalkurven bzw. Minimalflächen (diese selbstverständlich mit jeweils gleicher totaler Krümmung $K_2 = K$) sind. Dieselben Beziehungen ergeben die Ausrechnungen für die entsprechenden Größen der deformierten Fläche, der Fläche S_0.

Es ist also: $$X_0 = X_2 = X \text{ u. s. f.}$$ $$K_0 = K_2 = K$$

sowohl für die Tangentenflächen von Minimalkurven — soferne bei diesen von Normalenrichtung gesprochen werden kann, — wie für die Minimalflächen.

Für letztere gilt ferner:

$$H_0 = H_2 = H = 0,$$

d. h. das Problem der isogonal-isometrischen Flächen schließt in sich die Frage nach der Bestimmung der einer Minimalfläche assoziierten Minimalflächen. Der analytische Gang der Berechnungen der einzelnen Größen aus der Grundgleichung isogonaler Isometrie beweist hier die Richtigkeit der Umkehrung der von Bonnet[1]) über diese Flächen aufgestellten Sätze.

§ 5.

Verallgemeinerung der Darbouxschen und Weingartenschen Lösung für die Bestimmung von Orthogonalflächen.

Die Variation des Winkels ω ergibt Spezialfälle im Hinblick auf den Winkel entsprechender Linienelemente der beiden Flächen S und S_2 und zwar:

Die Flächen mit parallelen korrespondierenden Bogenelementen, wenn $\omega = 0$, $k = 1$;

jene mit orthogonalen entsprechenden Linienelementen, wenn

$$\omega = \frac{\pi}{2}, \; k = 0.$$

---

[1]) O. Bonnet, Comptes rendus, Paris, Band 37 (1853), S. 529—532. G. Darboux, Leçons sur la Théorie générale des Surfaces, Band 1, S. 324 bis 326: „Die Gleichungen für die Koordinaten $x_1\, y_1\, z_1$ eines Punktes P_1 einer Minimalfläche S_1, assoziiert der Minimalfläche S mit den Punkten $P\,(x, y, z)$, korrespondierend irgend einem Werte ω, drücken sich, wenn $\overline{P}_1\,(\overline{x}_1, \overline{y}_1, \overline{z}_1)$ die Punkte der zu S adjungierten Minimalfläche $\overline{S}_1$ sind, folgendermaßen aus: $x_1 = x \cos\omega + \overline{x}_1 \sin\omega$" u. s. f., wobei: $d\overline{x}_1 = Y dz - Z dy$ u. s. f. Vgl. damit die vollständig gleichlautenden Gleichungen (3), S. 102. Schwarz, Miscellen aus dem Gebiete der Minimalflächen. Crelles Journal, Band 80, 1875, S. 287 ff.

a) In den Grundgleichungen isogonaler Isometrie Gl. (1c) S. 99 ist demnach die Verallgemeinerung des von Darboux[1]) behandelten Problems gegeben: „Die zu S orthogonalen Flächen S_1 aus der Gleichung:

$$dx \cdot dx_1 + dy \cdot dy_1 + dz \cdot dz_1 = 0$$

zu bestimmen."

Entsprechend den bei Darboux durchgeführten, als erste Lösung bezeichneten Betrachtungen verfährt man zur Lösung der Gleichungen (1c) wie folgt:

Die Fläche S ist vorausgesetzt in der Form: $z = f(x, y)$. Zur Darstellung der Fläche S_2 benützen wir die Gleichungen (1c) S. 99 und setzen:

$$\begin{aligned} dx_2 - k\,dx &= d(x_2 - kx) = dx_3, \\ dy_2 - k\,dy &= d(y_2 - ky) = dy_3, \\ dz_2 - k\,dz &= d(z_2 - kz) = dz_3, \end{aligned} \tag{1}$$

setzen auch z_3 (wie z und z_2) als Funktion von x und y voraus und bezeichnen die ersten Ableitungen hievon mit p_3 und q_3.

Durch Gleichsetzung von

$$dz_3 = b\,dx - a\,dy \text{ und } dz_3 = p_3\,dx + q_3\,dy$$

folgt, daß:

$$\begin{aligned} a &= -q_3, \\ b &= p_3. \end{aligned}$$

Ersetzt man in den Gleichungen (1c) S. 99 dz durch $p\,dx + q\,dy$, so nehmen die Ausdrücke für dx_3 und dy_3 folgende Form an:

$$\begin{aligned} dx_3 &= \quad dy\,(c - p_3 q) - p\,p_3\,dx, \\ dy_3 &= -\,dx\,(p q_3 + c) - q\,q_3\,dy. \end{aligned} \tag{2}$$

Die Integrabilitätsbedingung ergibt:

$$\begin{aligned} \frac{\partial (c - q p_3)}{\partial x} + \frac{\partial (p p_3)}{\partial y} &= 0, \\ \frac{\partial (q q_3)}{\partial x} - \frac{\partial (c + p q_3)}{\partial y} &= 0. \end{aligned} \tag{3}$$

---

[1]) G. Darboux, a. a. O., Bd. 4, S. 10—18.

Eliminiert man c durch neue Ableitungen, so findet man:

$$\frac{\partial^2 (p p_3)}{\partial y^2} + \frac{\partial^2 (q q_3)}{\partial x^2} - \frac{\partial^2 (p q_3 + q p_3)}{\partial x \partial y} = 0,$$

oder, entwickelnd und mit r_3, s_3, t_3 die zweiten Ableitungen von z_3 bezeichnend:

(4) $$r t_3 + t r_3 - 2 s s_3 = 0.$$

Die Integration dieser partiellen linearen Differentialgleichung 2. Ordnung ergibt z_3; die Gleichungen (3) liefern die zwei Ableitungen von c; aus den Gleichungen (2) erhält man durch Quadraturen von totalen Differentialen mit zwei Variablen die Werte von x_3, y_3 und hieraus durch Addition aus den Gleichungen (1) x_2, y_2, z_2. Es ist also die Behandlung des Problems isogonaler Isometrie auf die Integration der Gleichung (4) zurückgeführt.

b) Zum Schlusse sei noch eine Lösungsart zur Bestimmung der einer Fläche S isogonalen Flächen S_2 angegeben, welche die Weingartenschen[1]) Ausführungen über die Berechnung der die unendlich kleine Deformation von Flächen charakterisierenden Funktion φ benützt und durch folgende Überlegung gegeben ist:

Unter Beibehaltung der bislang benützten Bezeichnungen für die Flächen S und S_2 ergeben die Gleichungen (2), (3), (4), S. 96, die von Weingarten für die charakteristische Funktion φ errechneten Beziehungen, wenn wir setzen:

(5) $$\begin{aligned} \tilde{\xi}_{1u} &= x_{2u} - k f x_u, \\ \tilde{\xi}_{1v} &= x_{2v} - k f x_v \end{aligned}$$

nebst den analogen Gleichungen für $\tilde{\eta}_1$ und $\tilde{\zeta}_1$, welche durch gleichzeitige Vertauschung von $\tilde{\xi}_1$ und x mit $\tilde{\eta}_1$ und y, $\tilde{\zeta}_1$ und z hervorgehen.

Wir erhalten hieraus durch Differentiierung der ersten Gleichung (5) nach v, der zweiten nach u und Gleichsetzung der so gefundenen zwei Werte für $\frac{\partial^2 \tilde{\xi}_1}{\partial u \partial v}$ $\left(\text{bzw. } \frac{\partial^2 \tilde{\eta}_1}{\partial u \partial v}, \frac{\partial^2 \tilde{\zeta}_1}{\partial u \partial v}\right)$: Die

[1]) Vgl. Weingarten, Crelles Journal, 100. Band. Bianchi-Lukat, Vorlesungen über Differentialgeometrie, S. 294—297.

durch die obigen, für diese Lösungsart richtunggebenden Gleichungen (5) gewählte Substitution ist demnach nur zulässig, wenn für die Flächen S die Beziehung gilt:

$$1)\quad f_u = f_v = 0,$$

d. h. wenn $f =$ konstant ist, die entsprechenden Linienelemente beider Flächen in konstantem Längenverhältnis zueinander stehen, die Flächen S und S_2 isometrisch oder ähnlich sind.

$$2)\quad \frac{x_v}{x_u} = \frac{y_v}{y_u} = \frac{z_v}{z_u},$$

d. h. wenn die Flächen S Tangentenflächen von Minimalkurven sind.

Im Falle 1) ist die Berechnung von x_2, y_2, z_2 durch Integration gegeben in den Gleichungen:

$$(6)\quad x_2 = \int (\xi_{1u} + kfx_u)\,du + (\xi_{1v} + kfx_v)\,dv \quad \text{u. s. f.}$$

Im Falle 2) kann man dann setzen:

$$f_v = f_u \frac{x_v}{x_u},$$

$$f_u = f_v \frac{y_u}{y_v}.$$

Differentiieren wir die erste dieser Gleichungen nach u, die zweite nach v, und setzen die beiden so erhaltenen Werte für $\frac{\partial^2 f}{\partial u\,\partial v}$ einander gleich, so ergibt sich zur Bestimmung von f die Gleichung:

$$\frac{\partial^2 f}{\partial u^2}\frac{x_v}{x_u} - \frac{\partial^2 f}{\partial v^2}\frac{y_u}{y_v} + \frac{\partial f}{\partial u}\frac{\partial\left(\frac{x_v}{x_u}\right)}{\partial u} - \frac{\partial f}{\partial v}\frac{\partial\left(\frac{y_u}{y_v}\right)}{\partial v} = 0$$

und durch Quadratur nach Gl. (5) die Berechnung von x_2, y_2, z_2.

Über Flächen, auf denen sich unendlichkleine Kurven ohne Gestaltsänderung in allen Richtungen verschieben lassen.

Von **Sebastian Finsterwalder.**

Vorgetragen in der Sitzung am 14. Mai 1927.

In der Ebene und auf der Kugel lassen sich Kurven von endlicher Ausdehnung nach allen Richtungen verschieben und um irgend einen Punkt drehen, ohne dabei ihre Gestalt zu verändern. Auf dem Drehzylinder ist die Beweglichkeit einer solchen Kurve bereits auf die Verschiebbarkeit nach allen Richtungen eingeschränkt, da die Drehung durch die Verschiebung bereits mitbestimmt ist, und auf anderen Flächen, wie Dreh-, Schrauben-, Schiebungs-, Gesimsflächen und dergl. kommt nur mehr eine Verschiebungsmöglichkeit nach einer Richtung vor. Dagegen gibt es eine große Mannigfaltigkeit von Flächen, auf welchen sich unendlichkleine Kurven ohne Gestaltsänderung nach allen Richtungen verschieben lassen. Ein einfaches Beispiel hiezu bilden die positiv gekrümmten Flächen mit konstantem Verhältnis der Hauptkrümmungsradien, für welche die Dupinsche Indikatrix überall eine Ellipse von bestimmtem Achsenverhältnis ist. Auf ihnen kann man eine solche Ellipse überall hin verschieben, wobei sich ihre Achsen stets in die Krümmungsrichtungen der Fläche einstellen. Das gilt nicht bloß für eine bestimmte Ellipse, sondern auch für jede ihr ähnliche Ellipse, solange sie noch unendlichklein ist. Unendlichklein bezieht sich dabei auf das Verhältnis der Ellipsenachsen zum kleineren der beiden Hauptkrümmungsradien, der von endlicher Größe vorausgesetzt wird. Das Aufpassen der Ellipse auf die Fläche in den verschiedenen Lagen erfolgt dann bis auf unendlichkleine Größen dritter Ordnung, um welche das

Schmiegungsparaboloid von der Fläche abweicht. Die Dupinsche Indikatrix ist eine ebene Kurve und wir wollen nun die Frage stellen: Gibt es Flächen, auf welchen sich eine unendlichkleine Raumkurve, die wir vorerst als geschlossen annehmen wollen, in ähnlicher Weise nach allen Richtungen verschieben läßt, wie eine unendlichkleine Ellipse auf den Flächen konstanten positiven Hauptkrümmungsverhältnisses? Die Abmessungen einer unendlichkleinen Raumkurve, die auf einer Fläche von endlichen Krümmungen liegt, sind nicht nach allen Richtungen von der gleichen Größenordnung. Ist diese für die Abmessungen parallel der Tangentenebene an die Fläche die erste, so ist sie für jene senkrecht hiezu die zweite; es soll aber die Raumkurve an allen Stellen der Fläche bis auf Größen dritter Ordnung aufsitzen. Offenbar kann dabei die Raumkurve nicht innerhalb der Größenordnung ihrer Abmessungen beliebig gewählt werden, denn sitzt sie an zwei verschiedenen Stellen einer Fläche bis auf Größen dritter Ordnung auf, so tut sie das Gleiche auf den betreffenden, nicht als kongruent vorausgesetzten Schmiegungsparaboloiden und kann daher nur der Schnitt zweier solcher Paraboloide sein, d. h. eine Raumkurve vierter Ordnung erster Art mit einem Doppelpunkt im Unendlichen, da die beiden Paraboloide eine gemeinsame Achse haben und daher die unendlichferne Ebene im Achsenschnittpunkt berühren. Die Schnittkurve zweier solcher Paraboloide ist aber die Grundkurve eines ganzen Büschels von Paraboloiden mit gemeinsamer Achse und die Fläche, auf welcher die Raumkurve überall aufsitzen soll, darf nur Schmiegungsparaboloide enthalten, die auch in diesem Büschel vorkommen. Zwischen den Scheitelkrümmungen der Paraboloide des Büschels besteht nun eine bestimmte Beziehung, die sich auf die Hauptkrümmungen der zu suchenden Flächen überträgt, die demnach zur Gattung der Weingartenschen Flächen gehören, bei denen der eine Hauptkrümmungsradius eine Funktion des andern ist.

Satz 1: Damit eine unendlichkleine Raumkurve auf einer Fläche endlicher Krümmung nach allen Richtungen verschiebbar ist, muß sie der Schnitt zweier Paraboloide mit gemeinsamer Achse sein. Die Fläche, auf der sie verschiebbar ist, ist eine Weingartensche Fläche, zwischen deren Hauptkrümmungen die gleiche Beziehung besteht, wie zwischen den Scheitelkrümmungen der Paraboloide, die alle durch die Raumkurve hindurchgehen.

I. Flächen mit geschlossenen Raumkurven.

Es soll nun ein Büschel von Paraboloiden zu Grunde gelegt werden, dessen Grundkurve geschlossen ist. Zu diesem Zwecke setzen wir das Büschel aus einem elliptischen Zylinder und einem Paraboloid mit gleicher Achse zusammen, welch' letzteres wir ohne Beeinträchtigung der Allgemeinheit auch als parabolischen Zylinder wählen könnten. Da aber im Büschel deren zwei vorhanden sind, nimmt man der Symmetrie halber besser das Paraboloid, dessen Scheitel in der Mitte zwischen beiden parabolischen Zylindern gelegen ist. Die Gleichung des Büschels kann dann mit ν als Parameter folgendermaßen geschrieben werden:

$$\frac{1}{k \sin 2\beta}[(x^2 \sin^2\beta - y^2 \cos^2\beta)\cos 2\alpha + xy \sin 2\beta \sin 2\alpha] - 2z$$
$$+ \nu(x^2 \sec^2\beta + y^2 \operatorname{cosec}^2\beta - \varepsilon^2) = 0.$$

Die Grundkurve ist der Schnitt von:

$$x^2 \sec^2\beta + y^2 \operatorname{cosec}^2\beta - \varepsilon^2 = 0$$

und: $$\frac{(x^2 \sin^2\beta - y^2 \cos^2\beta)\cos 2\alpha + xy \sin 2\beta \sin 2\alpha}{k \sin 2\beta} = 2z$$

und kann mittels des Parameters φ durch folgende drei Gleichungen ausgedrückt werden:

$$x = \varepsilon \cos\beta \cos\varphi, \qquad y = \varepsilon \sin\beta \sin\varphi,$$
$$2z = \frac{\varepsilon^2}{4k} \sin 2\beta \cos 2(\varphi - \alpha).$$

Sie ist infolgedessen eine Lissajous'sche Kurve, deren drei Koordinaten durch Sinusschwingungen dargestellt werden können, wobei die Schwingungszahl der dritten Koordinate doppelt so hoch wie die der beiden ersten ist. Die Amplituden der beiden ersten Schwingungen sind mit ε von der ersten Größenordnung unendlichklein, die Amplitude der dritten Schwingung ist mit ε^2 unendlichklein von der zweiten Ordnung. Außer dem elliptischen Zylinder mit den Halbachsen $\varepsilon \cos\beta$ und $\varepsilon \sin\beta$, der dem Parameterwerte $\nu = \infty$ im Büschel entspricht, gehen noch zwei parabolische Zylinder durch die Grundkurve, nämlich der eine für den Parameter $\nu = \frac{\sin 2\beta}{4k}$ mit der Gleichung:

$$\frac{1}{k}(x \operatorname{tg}\beta \cos\alpha + y \operatorname{ctg}\beta \sin\alpha)^2 - 2\left(z + \frac{\varepsilon^2}{8k}\sin 2\beta\right) = 0$$

und der zweite für $\nu = -\frac{\sin 2\beta}{4k}$ mit der Gleichung:

$$\frac{1}{k}(x \operatorname{tg}\beta \sin\alpha - y \operatorname{ctg}\beta \cos\alpha)^2 + 2\left(z - \frac{\varepsilon^2}{8k}\sin 2\beta\right) = 0.$$

Die höchsten und tiefsten Punkte der Grundkurve treten bei den Parameterwerten $\varphi = \alpha$, $\varphi = \alpha + \pi$, $\varphi = \alpha + \frac{\pi}{2}$ und $\varphi = \alpha - \frac{\pi}{2}$ ein, die Schnittpunkte mit der Ebene $z = 0$ bei den Werten: $\varphi = \alpha \pm \frac{\pi}{4}$ und $\varphi = \alpha \pm \frac{3\pi}{4}$. Wird der Phasenwinkel α der dritten Schwingung gleich Null oder $\frac{\pi}{2}$, so hat die Grundkurve zwei zueinander senkrechte Symmetrieebenen; für $\alpha = \frac{\pi}{4}$ oder $\frac{3}{4}\pi$ besteht die Grundkurve, ohne symmetrisch zu sein, aus vier kongruenten Stücken, die an den paarweise rechtwinklig gegenüberliegenden Schnittpunkten mit der Ebene $z = 0$ aneinanderstoßen. Fig. 1 stellt den

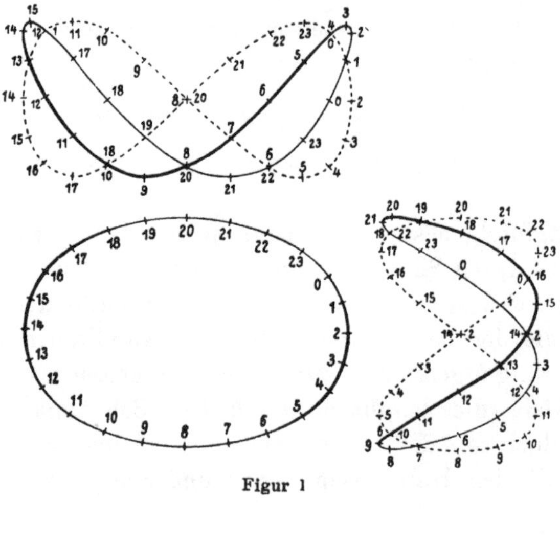

Figur 1

allgemeinen Fall für den Wert $\operatorname{tg}\beta = \frac{1}{2}\sqrt{2}$ und $\alpha = \frac{\pi}{12}$ in den drei Rissen als ausgezogene Kurve dar; der Sonderfall $\operatorname{tg}\beta = \frac{1}{2}\sqrt{2}$ $\alpha = \frac{\pi}{4}$ ist gestrichelt eingetragen; die z-Koordinaten sind stark überhöht aufgetragen.

Ein besonders ausgezeichneter Fall tritt dann ein, wenn $\beta = \frac{\pi}{4}$ wird. Der Grundriss der Kurve wird dann ein Kreis vom Radius $r = \frac{\varepsilon}{2}\sqrt{2}$. In diesem Falle ist die Kurve in Bezug auf zwei zueinander senkrechte Ebenen symmetrisch, sie hat aber außerdem die Eigenschaft, die Ebene $z = 0$ in vier rechtwinklig gegenüberliegenden Punkten zu schneiden. Das Paraboloid mit dem Werte $\nu = 0$ ist in diesem Falle ein gleichseitiges. Man kann diese Form der Grundkurve als „Achterkreis" bezeichnen und dementsprechend im allgemeinen Fall von einer „Achterellipse" sprechen, die symmetrisch, antisymmetrisch oder unsymmetrisch sein kann. Es verdient hervorgehoben zu werden, daß die Achterellipsen durch affine Umformung aus dem Achterkreis hervorgehen.

Wir betrachten jetzt das Büschel von Paraboloiden und ordnen seine Gleichung nach den Koordinaten:

$$\left(\frac{\operatorname{tg}\beta\cos 2\alpha}{2k} + \frac{\nu}{\cos^2\beta}\right)x^2 + \frac{\sin 2\alpha}{k}xy$$
$$+\left(\frac{\nu}{\sin^2\beta} - \frac{\operatorname{ctg}\beta\cos 2\alpha}{2k}\right)y^2 - 2\left(z + \varepsilon^2\frac{\nu}{2}\right) = 0.$$

Dann drehen wir das Koordinatensystem in der XY-Ebene um den Anfangspunkt derart, daß die Gleichung die Form

$$\lambda_1 x'^2 + \lambda_2 y'^2 - 2z' = 0$$

erhält. Die Beiwerte λ_1 und λ_2 sind dann die Scheitelkrümmungen des Paraboloides. Sie genügen der quadratischen Gleichung in λ:

$$\left(\frac{\operatorname{tg}\beta\cos 2\alpha}{2k} + \frac{\nu}{\cos^2\beta} - \lambda\right)\left(\frac{\nu}{\sin^2\beta} - \frac{\operatorname{ctg}\beta\cos 2\alpha}{2k} - \lambda\right) - \frac{\sin^2 2\alpha}{2k^2} = 0$$

Oder nach λ geordnet:

$$\lambda^2 - \lambda\left(\frac{4\nu}{\sin^2 2\beta} - \frac{\operatorname{ctg} 2\beta \cos 2\alpha}{k}\right) + \frac{4\nu^2}{\sin^2 2\beta} - \frac{1}{4k^2} = 0.$$

Hieraus folgt:

$$\lambda_1 + \lambda_2 = \frac{4\nu}{\sin^2 2\beta} - \frac{\operatorname{ctg} 2\beta \cos 2\alpha}{k}, \quad \lambda_1\lambda_2 = \frac{4\nu^2}{\sin^2 2\beta} - \frac{1}{4k^2}$$

$$\frac{4\nu}{\sin^2 2\beta} = \lambda_1 + \lambda_2 + \frac{\operatorname{ctg} 2\beta \cos 2\alpha}{k}, \quad \frac{4\nu^2}{\sin^2 2\beta} = \lambda_1\lambda_2 + \frac{1}{4k^2}.$$

Durch Elimination von ν ergibt sich folgende Beziehung zwischen den Scheitelkrümmungen λ_1 und λ_2 der Paraboloide des Büschels:

$$\frac{4\nu^2}{\sin^2 2\beta} = \frac{\sin^2 2\beta}{4}\left(\lambda_1 + \lambda_2 + \frac{\operatorname{ctg} 2\beta \cos 2\alpha}{k}\right)^2 = \lambda_1\lambda_2 + \frac{1}{4k^2}.$$

$$\sin^2\beta\cos^2\beta(\lambda_1+\lambda_2)^2 - \lambda_1\lambda_2 + \frac{\cos 2\beta \sin 2\beta \cos 2\alpha}{2k}(\lambda_1+\lambda_2)$$
$$+ \frac{\cos^2 2\beta \cos^2 2\alpha}{4k^2} - \frac{1}{4k^2} = 0,$$

$$\sin^2\beta\cos^2\beta(\lambda_1^2 + \lambda_2^2) - \lambda_1\lambda_2(\cos^4\beta + \sin^4\beta)$$
$$+ \frac{\cos 2\alpha}{2k}(\lambda_1+\lambda_2)(\cos^2\beta - \sin^2\beta)\sin 2\beta$$
$$- \frac{\sin^2 2\beta \cos^2 2\alpha}{4k^2} - \frac{\sin^2 2\alpha}{4k^2} = 0,$$

$$\left(\lambda_1\cos^2\beta - \lambda_2\sin^2\beta - \frac{\cos 2\alpha \sin 2\beta}{2k}\right)\times$$
$$\left(\lambda_1\sin^2\beta - \lambda_2\cos^2\beta + \frac{\cos 2\alpha \sin 2\beta}{2k}\right) - \frac{\sin^2 2\alpha}{4k^2} = 0.$$

Die Beziehung ist quadratisch in den Scheitelkrümmungen und geht bei Vertauschung von λ_1 und λ_2 in sich selbst über. Außerdem enthält sie die Größe ε, die in der Gleichung des Büschels vorkommt und den Maßstab der Grundkurve bestimmt, nicht. Wenn also die Hauptkrümmungen λ_1 und λ_2 einer Fläche diese Bedingung erfüllen, so läßt sich auf dieser Fläche nicht bloß eine Kurve nach allen Richtungen verschieben, sondern eine einfach unendliche Mannigfaltigkeit von solchen Kurven, die aus einer von ihnen durch eine affine Umformung hervorgehen. Diese besteht in einer ähnlichen Umformung im Verhältnis ε in Bezug auf die Abmessungen parallel der Tangenten-(XY-)Ebene, verbunden mit einer Maßstabsänderung im Verhältnis ε^2 der Abmessungen in der Normalen-(Z)Richtung. Man kann sich die Mannigfaltigkeit der verschiebbaren Kurven mit parallelen Achsen und den Mittelpunkten auf der gemeinsamen Z-Achse zu einem korbartigen Geflecht in der Gestalt einer flachen Schale vereinigt denken, wobei die Kurven starr und die Verbindung der Kurven untereinander beweglich ist. Eine solche Schale läßt sich dann überall auf die Fläche auflegen bezw. nach allen Richtungen auf der Fläche verschieben, wobei die dabei nötige Umformung der Schale nur von den Verbindungen übernommen wird.

Satz 2: Zwischen den Hauptkrümmungen einer Weingartenschen Fläche, auf welcher sich eine bestimmte unendlichkleine geschlossene Raumkurve nach allen Richtungen verschieben läßt, besteht eine symmetrische quadratische Beziehung von hyperbolischem Typus mit stumpfem Asymptotenwinkel. Eine solche Fläche läßt noch die Verschiebung einer einfachen Mannigfaltigkeit anderer Kurven zu, welche aus der ursprünglichen Kurve durch eine bestimmte affine Umformung hergeleitet werden können.

Die symmetrische quadratische Beziehung zwischen den Hauptkrümmungen, welche von drei Konstanten α, β und k abhängig ist, kann durch geeignete Wahl der letzteren, mit welcher eine bestimmte Form der beweglichen Kurve verbunden ist, wesentlich vereinfacht werden. Sie kann insbesondere in lineare Beziehungen zerfallen.

1. Wird der Phasenwinkel α gleich Null oder $\frac{\pi}{2}$ gesetzt, so verschwindet das konstante Glied. Die beiden Linearfaktoren, in welche die Beziehung zerfällt, sagen dann gleich Null gesetzt, das Gleiche aus: $\lambda_1 - \lambda_2 \operatorname{tg}^2\beta - \frac{2\operatorname{tg}\beta}{k} = 0$. Die verschieblichen Raumkurven sind hier symmetrische Achterellipsen von der Gleichung

$$x = \varepsilon\cos\beta\cos\varphi,\quad y = \varepsilon\sin\beta\sin\varphi,\quad 2z = \pm\frac{\varepsilon^2}{4k}\sin 2\beta\cos 2\varphi.$$

Die Gleichungen ihrer Projektionen auf die Symmetrieebenen lauten:

$$2z \pm \frac{\varepsilon^2}{4k} \sin 2\beta = \pm \frac{\operatorname{tg}\beta}{k} x^2, \qquad 2z \mp \frac{\varepsilon^2}{4k} \sin 2\beta = \mp \frac{\operatorname{ctg}\beta}{k} y^2.$$

2. Für $\alpha = \frac{\pi}{4}$ vereinfacht sich die Beziehung ohne zu zerfallen in:

$$(\lambda_1 \cos^2\beta - \lambda_2 \sin^2\beta)(\lambda_1 \sin^2\beta - \lambda_2 \cos^2\beta) - \frac{1}{4k^2} = 0.$$

Die verschiebbare Kurve ist in diesem Falle eine antisymmetrische aus vier kongruenten Stücken bestehende Achterellipse.

3. Für $k = \infty$ zerfällt die Beziehung in: $\frac{\lambda_1}{\lambda_2} = \operatorname{tg}\beta$ bzw. $\frac{\lambda_1}{\lambda_2} = \operatorname{ctg}\beta$. Die Weingartenschen Flächen haben konstantes Hauptkrümmungsverhältnis und die verschiebbaren Kurven sind ähnliche Ellipsen. Die Drehflächen von der genannten Eigenschaft lassen sich leicht bestimmen und durch Quadraturen ausdrücken. Ihre Formen sind in Fig. 2 zusammengestellt. Unter ihnen befindet

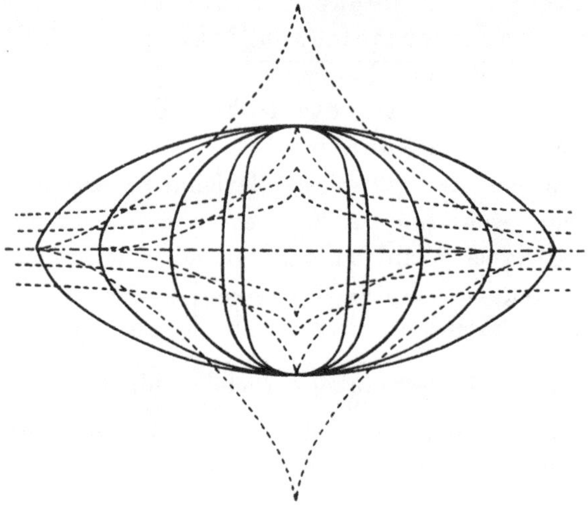

Figur 2

sich natürlich die Kugel, dem Falle $\operatorname{tg}\beta = 1$ entsprechend. Wenn die Querkrümmung größer als die Meridiankrümmung ist, haben die Flächen spindelförmige Gestalt und nähern sich mit wachsendem

Verhältnis dem Drehzylinder. Für das Verhältnis 2 : 1 von Querkrümmung zur Meridiankrümmung wird der Meridian der Drehfläche eine gemeine Zykloide mit der Rollbahn als Drehachse, entsprechend der bekannten Eigenschaft der Zykloide, daß ihr Krümmungsradius doppelt so lang als die Normale vom Fußpunkt bis zur Rollbahn ist. Überwiegt dagegen die Meridiankrümmung, so nehmen die Drehflächen eine stark abgeplattete Form an mit der Krümmung Null an den Schnittpunkten mit der Drehachse. Die Meridiankurven lassen sich durch Aneinanderreihung der Krümmungskreise sehr bequem graphisch bestimmen; die dabei mitanfallenden Evoluten sind in der Fig. 2 gestrichelt eingetragen.

4. Der Fall $\beta = \frac{\pi}{4}$ vereinfacht die Beziehung ganz besonders, nämlich in:

$$\frac{(\lambda_1 - \lambda_2)^2}{4} - \frac{1}{4k^2} = 0 \quad \text{oder:} \quad \lambda_1 - \lambda_2 = \pm \frac{1}{k}.$$

Er umfaßt also die Flächen konstanter Hauptkrümmungsdifferenz.

Die auf dieser Flächengattung verschieblichen Kurven sind Achterkreise von der Gleichung:

$$x = \frac{\varepsilon}{2}\sqrt{2}\cos\varphi, \quad y = \frac{\varepsilon\sqrt{2}}{2}\sin\varphi, \quad 2z = \frac{\varepsilon^2}{4k}\cos 2(\varphi - a)$$

Hieraus folgt:

Satz 3: Auf den Flächen konstanter Hauptkrümmungsdifferenz lassen sich Achterkreise von unendlichkleinem Radius in allen Richtungen verschieben (aber nicht drehen!).

Die partielle Differentialgleichung 2. O., der diese Flächen genügen, läßt sich natürlich leicht aufstellen. Ist H der Ausdruck für die mittlere Krümmung ($H = \lambda_1 + \lambda_2$) und K jener für das Krümmungsmaß ($K = \lambda_1 \lambda_2$), so stellt $H^2 - 4K = \frac{1}{k^2}$ jene Gleichung dar. Für die Drehflächen unter ihnen ist der Meridian durch eine gewöhnliche Differentialgleichung zweiter Ordnung bestimmt, die sich nur auf eine nicht separierbare Differentialgleichung erster Ordnung zurückführen läßt. Dagegen ist auch hier eine schrittweise graphische Integration aus der Definitionsgleichung: $\frac{1}{\varrho_1} - \frac{1}{\varrho_2} = \frac{1}{k}$ heraus sehr einfach auszuführen. Geht man von einem Punkt mit Tangentenrichtung aus, so ist der Querkrümmungsradius ϱ_2 als Länge der Normalen vom Fußpunkt bis zur Drehachse gegeben und damit auch der Meridiankrümmungsradius $\varrho_1 = \frac{k\varrho_2}{k + \varrho_2}$. Zeichnet man den zugehörigen Krümmungskreis und nimmt man darauf einen zum Ausgangspunkt benachbarten Punkt an, so ist in diesem wieder die Tangente und damit der Querkrümmungsradius bekannt, woraus der Meridiankrümmungsradius im Nachbarpunkt folgt usw. Auf diesem Wege wurde der Formenschatz der Drehflächen konstanter Hauptkrümmungsdifferenz erschlossen, wie er in den nachstehenden Figuren 3 bis 11 dargestellt ist. Die Meridiankurven zerfallen in zwei Gruppen, je nachdem der achsenfernste Punkt mehr oder weniger als 3,66.. k von der Drehachse absteht. Sie sind in den Figuren in einheitlichem Maßstab ($k = 20$ mm) gezeichnet.

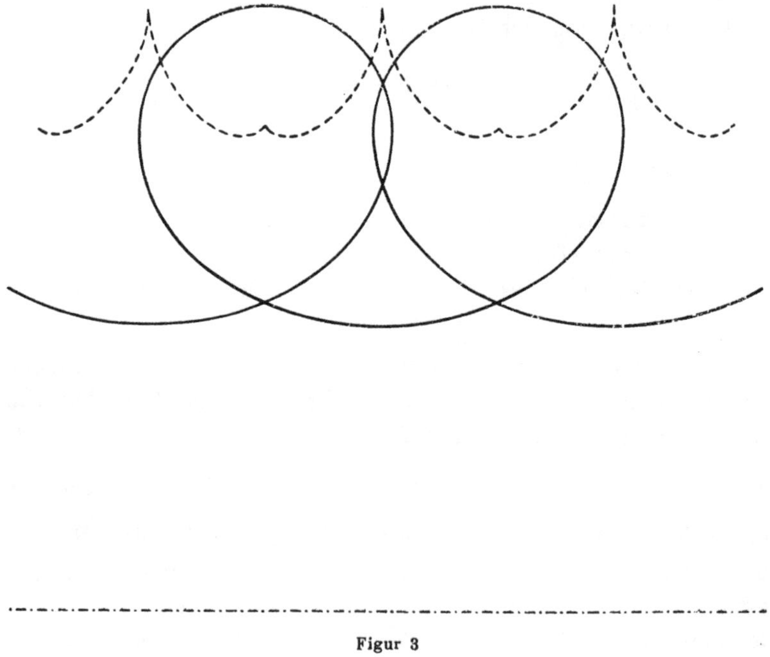

Figur 3

In der ersten Gruppe besteht die Meridiankurve aus einer Wiederholung von kongruenten und symmetrischen Zweigen, die eine Reihe von Schlingen bilden, in denen der Krümmungsradius von einem Minimum $< k$ in einem Punkt mit achsenparalleler Tangente allmählich zum Werte k in einem Punkt mit achsensenkrechter Tangente anwächst und schließlich ein Maximum $> k$ mit achsenparalleler Tangente erreicht. Solange der Krümmungsradius wächst, ist die Drehfläche positiv gekrümmt, wenn er abnimmt, negativ; im ersteren Teil ist die Differenz $\frac{1}{\varrho_1} - \frac{1}{\varrho_2}$ positiv, im zweiten im gleichen Betrage negativ, wenn jeweils der Querkrümmungsradius positiv gerechnet und das Vorzeichen des Meridiankrümmungsradius dementsprechend bestimmt wird. Siehe Fig. 3, in welcher die Evolute des Meridians gestrichelt und die Drehachse strichpunktiert eingetragen ist.

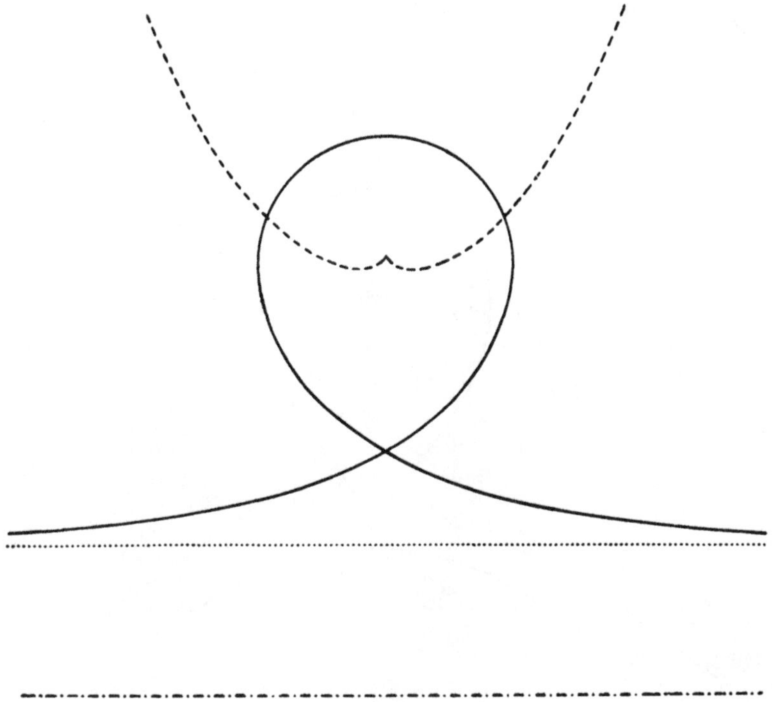

Figur 4

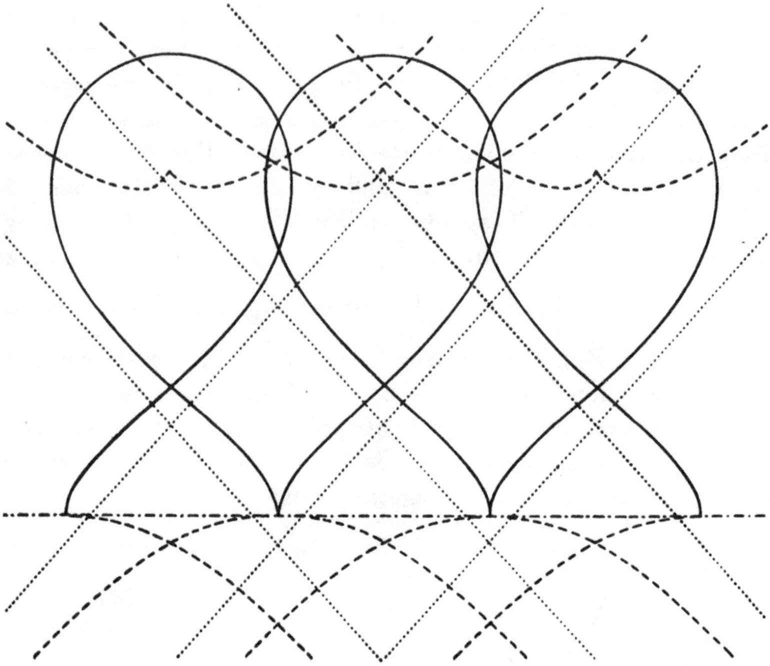

Figur 5

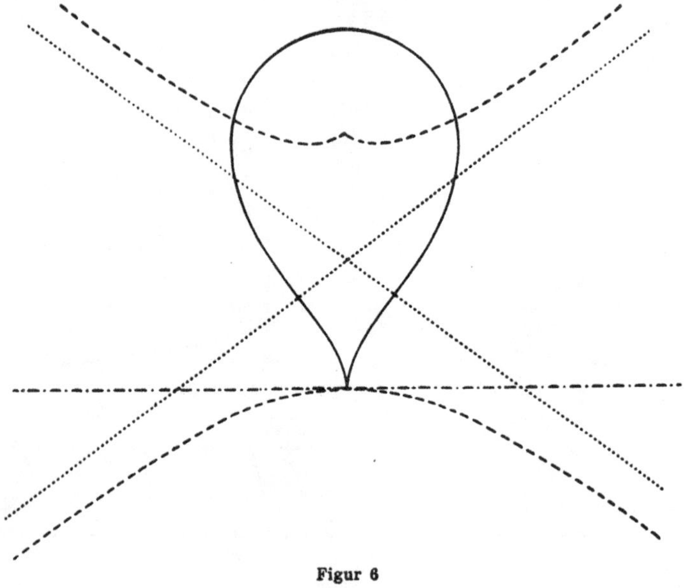

Figur 6

Ist der Abstand des achsenfernsten Punktes gerade gleich 3,66 · · k, so besteht der Meridian der Drehfläche aus einer einzigen Schleife mit einer zur Drehachse parallelen Asymptote im Abstande k. Siehe Fig. 4.

Sinkt jener Abstand unter die angegebene Grenze, so reicht die Meridiankurve bis an die Drehachse, hat aber einen Wendepunkt dort wo ϱ_2 den Wert k erreicht. Sie sitzt mit einer Art Dornspitze auf der Achse auf und besteht aus unendlichvielen symmetrischen und kongruenten Wiederholungen, die sich zu herzförmigen Schleifen zusammenschließen. Siehe Fig. 5, in welcher die Normalen in den Wendepunkten, die zugleich Asymptoten der Evolute sind, punktiert eingetragen sind. In der Gegend der Dornspitzen hat die Evolute eine maskierte Singularität mit der Krümmung Null.

Es folgt nun ein besonderer Fall, der beim Maximalabstand 2,62 . . k von der Drehachse erreicht wird und dadurch ausgezeichnet ist, daß die Wiederholung der symmetrischen und kongruenten Zweige wegfällt, da sich die Kurve schließt. Siehe Fig. 6.

Diese Wiederholung tritt alsbald wieder auf, wenn der obige Wert des Größtabstandes unterschritten wird. Es trennen sich die Spitzen wieder und es treten Überschneidungen der einzelnen Schleifen auf. Siehe die Figuren 7 und 8.

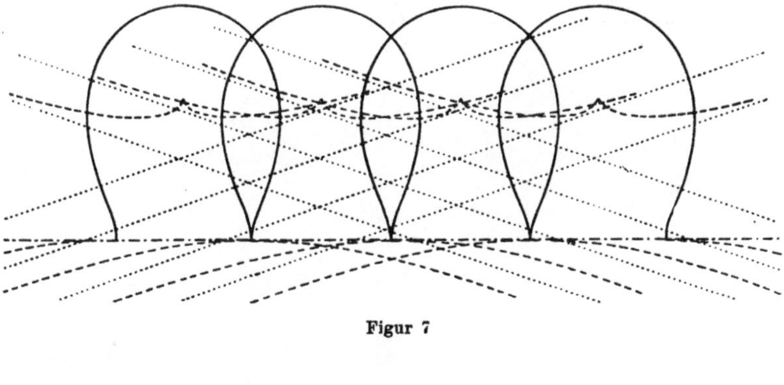

Figur 7

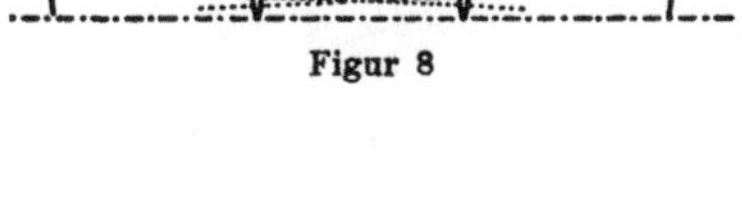

Figur 8

In dem Maße, wie der Größtabstand von der Achse gegenüber der Konstanten k klein wird und die Krümmung der Fläche wächst, nähert sich die Form der einzelnen Schleife des Meridians einem Halbkreis und die Fläche selbst einer Kugel von kleinem Radius.

Bei allen bisherigen Beispielen ist die Differenz: Meridiankrümmung minus Querkrümmung $\frac{1}{\varrho_1} - \frac{1}{\varrho_2} = \frac{1}{k}$ in den achsenfernen Teilen der Fläche positiv und wechselt ihr Vorzeichen beim Überschreiten desjenigen Teiles der parabolischen Kurve, der zu den Meridianpunkten mit achsensenkrechter Tangente gehört. Jene Teile der parabolischen Kurve, welche von den Wendepunkten der Meridiane gebildet werden, geben zu keinem Wechsel im Vorzeichen jener Differenz Anlaß. Es gibt aber noch Meridianformen, die außerhalb der Achse keine senkrechte Tangente besitzen und für die die Krümmungsdifferenz $\frac{1}{\varrho_1} - \frac{1}{\varrho_2}$ dauernd negativ ist. Sie beginnen mit dem Falle, in dem der Größtabstand von der Drehachse gleich k wird, der aber erst im unendlichfernen Punkt der Achse auftritt. Der Meridian hat wie

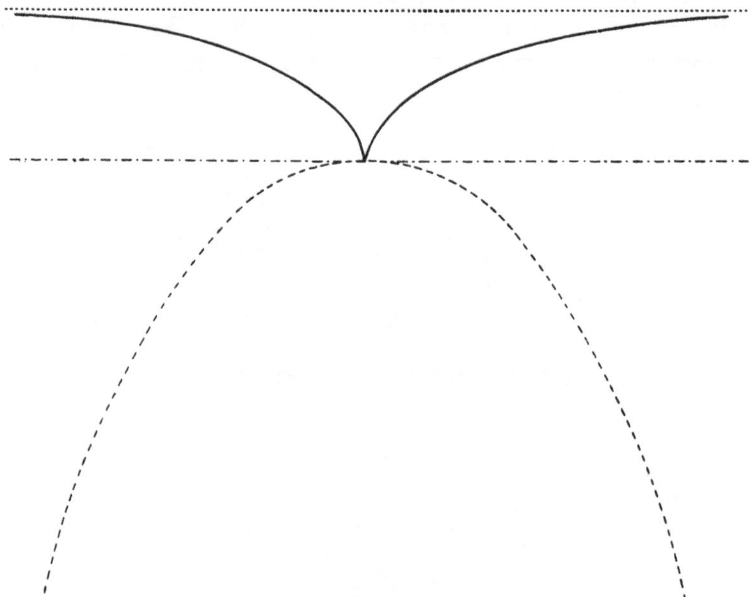

Figur 9

in Fig. 4 eine achsenparallele Asymptote im Abstand k und eine Art Dornspitze auf der Drehachse. Siehe Fig. 9, die auch als Fortsetzung von Fig. 4 aufgefaßt werden könnte. Wird der Größtabstand kleiner als k, so treten sich wiederholende Bogen ohne Wendepunkte mit Spitzen auf der Drehachse auf, welche sich mit weiter abnehmendem Größtabstand mehr und mehr Halbkreisen nähern. Siehe Fig. 10 und 11.

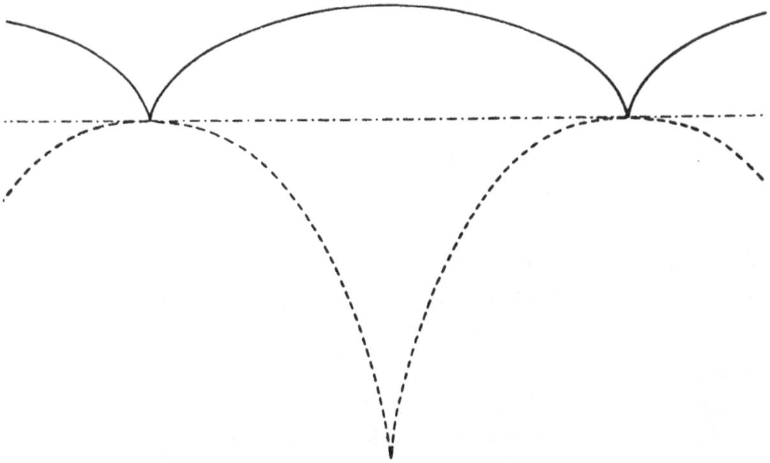

Figur 10

Figur 11

Das gleiche graphische Integrationsverfahren würde sich auch auf die Bestimmung der Meridiane der Drehflächen anwenden lassen, deren Krümmungen in der allgemeinen symmetrischen quadratischen Beziehung zueinander stehen, die die Verschieblichkeit einer unendlichkleinen geschlossenen Kurve auf der Fläche ausdrückt.

II. Flächen mit ungeschlossenen Raumkurven.

Die vorhergehenden Betrachtungen lassen sich auch auf ungeschlossene Kurven erweitern, wobei zwar die Anschaulichkeit Einbuße erleidet, aber doch bemerkenswerte Gesichtspunkte anderer Art auftreten. Beginnen wir wieder mit dem einfachsten Fall der ebenen Indikatrix, die in diesem Falle eine Hyperbel ist, von der aber nur der achsennahe Teil, der aus zwei ebenen symmetrischen Kurvenstücken besteht, bei der Verschiebbarkeit in Betracht kommt. Die Flächen, auf denen er verschoben werden kann, sind negativ gekrümmt und haben konstantes Verhältnis ihrer Hauptkrümmungen, woraus ohne weiteres die Isogonalität der Haupttangentenkurven folgt. Zu diesen Flächen gehören als Sonderfall die Minimalflächen, bei welchen die Isogonalität in Orthogonalität übergeht. Auf ihnen lassen sich demnach „unendlichkleine" gleichseitige Hyperbeln nach allen Richtungen verschieben. Als Sonderfall dieser Hyperbeln kann man auch das rechtwinklige Haupttangentenpaar auffassen. Man kann also ein Rechtwinkelkreuz mit unendlichkurzen Armen auf einer Minimalfläche nach allen Richtungen verschieben, ohne daß es um Größen zweiter Ordnung (auf das Verhältnis von Armlänge zum Hauptkrümmungsradius als Größe erster Ordnung bezogen) aus der Fläche heraustritt. Bei den Flächen mit konstantem negativen Hauptkrümmungsverhältnis tritt an Stelle des Rechtwinkelkreuzes ein schiefwinkliges Andreaskreuz.

Ähnliche Verhältnisse treten auf, wenn man die Verschieblichkeit ungeschlossener nichtebener unendlichkleiner Stücke von Raumkurven untersucht. Gleich den geschlossenen müssen auch sie der Schnitt zweier in den Scheitelpunkten sich nahezu berührender Schmiegungsparaboloide sein, also Kurven vierter Ordnung erster Art mit einem Doppelpunkt im Unendlichen auf der gemeinsamen Achse. Auch sie sind dann Grundkurven von Paraboloidbüscheln, wobei dann die für die Scheitelkrümmungen der Paraboloide eines Büschels geltende Beziehung für die Flächen, auf denen die Verschiebung der Grundkurve des Büschels möglich ist, als Beziehung zwischen den Hauptkrümmungen auftritt. Ähnlich wie bei den geschlossenen Grundkurven ist auch in diesem Falle das Büschel die „penultimate"[1]) Form eines Büschels von sich berührenden Paraboloiden, zwischen deren Scheitelkrümmungen die gleiche Beziehung besteht, nur mit dem Unterschiede, daß im Falle der ungeschlossenen Grundkurve die Paraboloide sich berühren und schneiden und zwar in zwei reellen Parabeln, deren Ebenen durch die gemeinsame Achse aller

[1]) Fastberührende, im Gegensatz zur ultimaten, d. h. berührenden Form.

Paraboloide des Büschels gehen und auf der gemeinsamen Scheitelberührebene senkrecht stehen. Die Scheitelstücke jener gemeinsamen Schnittparabeln bilden nun ein krummliniges und im allgemeinen auch schiefwinkliges Kreuz, das eine Art Asymptotenpaar für die Grundkurve der penultimaten Form des Paraboloidbüschels darstellt. Auf den Flächen, die aus Schmiegungsparaboloiden des Büschels und zwar des penultimaten oder des ultimaten zusammengesetzt sind, läßt sich dann das krumme Kreuz und die zu ihm penultimate Grundkurve verschieben, wobei die Gestalt und gegenseitige Lage der Kreuzarme und die Gestalt der Grundkurve, nicht aber die gegenseitige Lage des Kreuzes zur Grundkurve, unverändert bleiben.

Um nun zur rechnerischen Festlegung überzugehen, betrachten wir das im vorigen Sinne „ultimate" Büschel von Paraboloiden mit ν als Büschelparameter: $lx^2 + 2mxy + ny^2 - 2z + \nu(p^2x^2 - q^2y^2) = 0$. Nach den Koordinaten geordnet:

$$(l + \nu p^2)x^2 + 2mxy + (n - \nu q^2)y^2 - 2z = 0.$$

Wenn diese Gleichung durch Drehung des Koordinatensystems um die Z-Achse auf die Form $\lambda_1 x'^2 + \lambda_2 y'^2 - 2z = 0$ gebracht wird, genügen λ_1 und λ_2 der quadratischen Gleichung in λ:

$$(l + \nu p^2 - \lambda)(n - \nu q^2 - \lambda) - m^2 = 0$$

oder:

$$\lambda^2 - \lambda(l + n + \nu(p^2 - q^2)) + ln - m^2 + \nu(np^2 - lq^2) - \nu^2 p^2 q^2 = 0.$$

Hieraus folgt: $\lambda_1 + \lambda_2 = l + n + \nu(p^2 - q^2)$ und:

$$\lambda_1 \lambda_2 = ln - m^2 + \nu(np^2 - lq^2) - \nu^2 p^2 q^2.$$

Die Elimination von ν aus der vorigen Gleichung führt zu folgender Beziehung zwischen den Scheitelkrümmungen λ_1 und λ_2 eines Paraboloides des Büschels:

$$\lambda_1 \lambda_2 (p^2 - q^2)^2 + (\lambda_1 + \lambda_2)^2 p^2 q^2 - (\lambda_1 + \lambda_2)(lq^2 + np^2)(p^2 + q^2)$$
$$+ (l + n)(np^4 + lq^4) - (ln - m^2)(p^2 - q^2)^2 = 0.$$

Man kann sie folgendermaßen zusammenfassen:

$$(p^2\lambda_1 + q^2\lambda_2 - (lq^2 + np^2))(q^2\lambda_1 + p^2\lambda_2 - (lq^2 + np^2))$$
$$+ m^2(p^2 - q^2)^2 = 0.$$

Sie stellt die Beziehung zwischen den Hauptkrümmungen der Flächen dar, auf welchen jener Teil der Grundkurve des Büschels, der in unmittelbarer Nähe des allen Paraboloiden gemeinsamen, im Anfangspunkt des Koordinatensystems gelegenen Berührpunktes liegt, nach allen Richtungen verschoben werden kann. Auf den gleichen Flächen können auch die entsprechenden Teile der Grundkurve eines penultimaten Büschels verschoben werden, dessen Gleichung sich nur um das Glied $\nu \varepsilon^2$ von der des ultimaten Büschels unterscheidet.

Der in Betracht kommende Teil der Grundkurve des ultimaten Büschels besteht aus den zwei Parabelscheitelbögen, welche die Ebenen $px \pm qy = 0$ aus dem Paraboloid $lx^2 + 2mxy + ny^2 - 2z = 0$ ausschneiden. Er hat die Form eines unendlichkleinen recht- oder schiefwinkligen Kreuzes mit geraden oder krummen Balken, wobei die Ebene der Balkenkrümmung immer senkrecht zur gemeinsamen Tangentenebene im Schnittpunkt der Kreuzbalken steht. Ein solches Kreuz ist durch drei Größen bestimmt, nämlich durch den Winkel der beiden Balken und ihre Krümmungen. Auch in die quadratische Gleichung zwischen λ_1 und λ_2 gehen nur drei wesentliche Konstante ein, die sich durch die fünf Größen l, m, n, p, q, ausdrücken.

Satz 4: Zwischen den Hauptkrümmungsradien einer *Weingartenschen* Fläche, auf welcher sich eine bestimmte, unendlichkleine, *ungeschlossene* Raumkurve nach allen Richtungen verschieben läßt, besteht eine symmetrische quadratische Beziehung von hyperbolischem Typus mit *spitzem* Asymptotenwinkel. Auf einer solchen Fläche läßt sich auch noch ein spitz- oder rechtwinkliges Kreuz mit unendlich kurzen, gebogenen oder geraden Balken verschieben, das als Asymptotenpaar jener Raumkurve gelten kann.

Im Einzelnen sind folgende Sonderfälle der Beziehung hervorzuheben:

1. $m = 0$. Die Beziehung wird linear:

$$p^2 \lambda_1 + q^2 \lambda_2 - (l q^2 + m p^2) = 0.$$

Das verschiebbare Kreuz ist symmetrisch zu den Halbierungsebenen des Winkels der beiden Balken; es stellt sich immer symmetrisch zu den Hauptkrümmungsrichtungen der Fläche ein. Die Balkenkrümmung ist: $\frac{lq^2 + np^2}{p^2 + q^2}$.

2. $p = \pm q$. Die linear gewordene Beziehung vereinfacht sich auf $\lambda_1 + \lambda_2 = l + n$, d. h. die Flächen haben konstante Hauptkrümmungssumme oder mittlere Krümmung gleich $(l + n)$. Das verschiebbare Kreuz ist rechtwinklig, seine Balken haben verschiedene Krümmung, nämlich $\frac{l+n}{2} \pm m$, die nur im Falle $m = 0$ gleich werden. In diesem Falle stellt sich auch das Kreuz symmetrisch zu den Hauptkrümmungsrichtungen, im allgemeinen nicht. Auf derselben Fläche mit der mittleren Krümmung $l + n$ sind eine ganze Mannigfaltigkeit von rechtwinkligen Kreuzen verschiebbar, da m in der Beziehung zwischen λ_1 und λ_2 nicht vorkommt; es muß nur die Summe der beiden Balkenkrümmungen gleich der mittleren Krümmung der Fläche sein. Darunter sind auch solche mit geraden Balken, wenn $m = \frac{l+n}{2}$ ist. Diese stellen sich mit dem geraden Balken in eine Haupttangentenrichtung ein. In die positiv gekrümmten Teile der Fläche können sie nicht verschoben werden. Im Falle $l + n = 0$ werden die Flächen Minimalflächen. Die beiden Kreuzbalken haben absolut gleiche aber entgegengesetzt gerichtete Krümmung. Das Kreuz kann nur in solchen Teilen der Minimalfläche verschoben werden, in dem die Hauptkrümmung der Fläche größer als die Balkenkrümmung des Kreuzes ist.

Satz 5: Auf den Flächen konstanter mittlerer Krümmung und nur auf solchen, läßt sich eine einfach unendliche Mannigfaltigkeit von unendlichkleinen Rechtwinkelkreuzen nach allen Richtungen verschieben. Für alle diese Rechtwinkelkreuze ist die Summe der beiden Balkenkrümmungen gleich der konstanten Hauptkrümmungssumme der Fläche.

Die Drehflächen unter den Flächen konstanter mittlerer Krümmung sind wohl bekannt, ihre Meridiane sind Delaunaysche

Kurven,[1]) welche vom Brennpunkt eines auf der Drehachse abrollenden Kegelschnittes beschrieben werden.

3. $lq^2 + np^2 = 0$. Hier vereinfacht sich die Beziehung auf

$$(p^2 \lambda_1 + q^2 \lambda_2)(q^2 \lambda_1 + p^2 \lambda_2) + m^2 (p^2 - q^2)^2 = 0.$$

Das Kreuz, welches auf den zugehörigen Flächen verschiebbar ist, hat, ohne rechtwinklig zu sein, gleich stark aber entgegengesetzt gekrümmte Balken, so daß es bei Umwendung um die Halbierungslinien des Winkels der Balken mit sich selbst zur Deckung kommt.

4. Kommt zu $lq^2 + np^2 = 0$ noch $m = 0$, so zerfällt die Beziehung in: $\frac{\lambda_1}{\lambda_2} = -\frac{q^2}{p^2}$ bzw. $\frac{\lambda_1}{\lambda_2} = -\frac{p^2}{q^2}$. Die Flächen haben konstantes negatives Hauptkrümmungsverhältnis und das auf ihnen verschiebbare Kreuz ist eben und hat gerade Balken. Die hieher gehörigen Drehflächen haben ganz den Charakter des Katenoides, das den Sonderfall für $p = q$ darstellt. Paul Staeckel hat gezeigt, daß diese Drehflächen die einzigen Flächen sind, welche durch die Haupttangentenkurven in Rhomben geteilt werden.[2])

5. Im Falle $p = 0$ wird die Beziehung:

$$(\lambda_1 - l)(\lambda_2 + l) + m^2 = 0,$$

also bilinear. Die Paraboloide des Büschels berühren sich jetzt längs eines ebenen Schnittes durch die gemeinsame Achse und die Grundkurve des Büschels ist eine doppelt zählende Parabel, von welcher für unseren Zweck nur der scheitelnahe Bogen in Frage kommt.

An Stelle des verschieblichen Kreuzes tritt jetzt ein geodätischer Flächenstreifen von einer Länge, die von der ersten Ordnung und einer Breite, die von der zweiten Ordnung unendlichklein ist. Die Mittellinie des Streifens hat die geodätische Krümmung Null, aber eine endliche Normalkrümmung $\frac{1}{k}$. Außerdem ist noch der Winkel ψ charakteristisch, den die Streifenrichtung mit der konjugierten Richtung auf dem Paraboloid einschließt.

---

[1]) Enzykl. d. math. Wiss., III. D. 5, 36, S. 345.

[2]) Beiträge zur Flächentheorie III und IV, Leipziger Akademieberichte 1896, S. 491 und 1898, S. 12.

Die Normalkrümmung $\frac{1}{k}$ ist gleich l und ψ wird aus der Gleichung: $\operatorname{tg} \psi = -\frac{l}{m}$ bestimmt. Der Streifen paßt auf einen Drehzylinder vom Radius $r = \frac{l^2}{l^2 + m^2}$ und seine Mittellinie schließt mit den Mantellinien des Drehzylinders den Winkel ψ ein. Dieser Drehzylinder ist eine von den Flächen mit der Hauptkrümmungsbeziehung $(\lambda_1 - l)(\lambda_2 - l) + m^2 = 0$, wie man alsbald sieht, wenn man $\lambda_1 = 0$ setzt. Auf diesem Zylinder ist der Streifen in der Tat als starres Gebilde verschiebbar, wobei seine Längsrichtung immer den gleichen Winkel mit den Mantellinien einschließt. Auf den allgemeinen Flächen dieser Art ändert sich jedoch der Winkel der Streifenrichtung mit den Hauptkrümmungsrichtungen.

6. Verschwindet außer p auch noch m, so lautet die Hauptkrümmungsbeziehung $(\lambda_1 - l)(\lambda_2 - l) = 0$, oder $\lambda_1 = l$. Die hieher gehörigen Flächen haben die eine Hauptkrümmung konstant, sind also Röhrenflächen vom Radius l. Der auf ihnen verschiebliche Streifen ist dadurch ausgezeichnet, daß $\psi = \frac{\pi}{2}$ wird, er ist also ein unendlichkleines Mantelstück eines geraden Kreiszylinders von verschwindender Höhe und stellt sich beim Verschieben immer in die eine Hauptkrümmungsrichtung der Fläche ein. Wird auch noch $l = 0$, so wird der Streifen eben und die durch $\lambda_1 = 0$ gekennzeichneten Flächen sind abwickelbare allgemeinster Art.

7. Tritt zu $p = 0$ noch $l = 0$, so zieht sich die Hauptkrümmungsbeziehung auf $\lambda_1 \lambda_2 = -m^2$ zusammen und die entsprechenden Flächen haben konstantes negatives Krümmungsmaß. Die Grundkurve des Paraboloidbüschels ist jetzt eine doppelt zählende Gerade geworden und alle Paraboloide haben einen windschiefen Streifen längs dieser Geraden gemeinsam. Das Scheitelstück des Streifens stellt das auf den pseudosphärischen Flächen beliebig verschiebbare unendlichkleine Gebilde dar. Es ist nur mehr von e i n e r Konstanten abhängig, die das Maß der Drehung der Tangentenebene des Streifens beim Fortschreiten längs seiner geradlinigen Achse, also seine Verwindung bestimmt. Es ist:

$\frac{d\alpha}{ds} = \pm m$, wobei $d\alpha$ den Winkel der Tangentenebenen bedeutet, deren Berührpunkte den Abstand ds haben. Dieser verwundene Streifen stellt sich bei der Verschiebung mit seiner Längsachse in eine der Haupttangentenrichtungen ein und kann als starres Gebilde längs einer Haupttangentenkurve verschoben werden. Das entspricht dem Umstande, daß die Haupttangentenkurven der Flächen konstanter negativer Krümmung auch konstante Torsion haben, entsprechend dem Satze von Enneper, daß die Torsion der Haupttangentenkurven der Wurzel aus dem negativen Krümmungsmaß gleich ist.

Satz 6: Auf den Flächen konstanten negativen Krümmungsmaßes laßen sich zwei zueinander symmetrische, unendlichkleine, gewundene Streifen mit geradliniger Achse unbeschränkt verschieben, wobei sich die Längsrichtung des einen in die eine, die des symmetrischen in die andere Haupttangentenrichtung der Fläche einstellt.

Im allgemeinen Falle sowie in den unter 1. bis 4. erwähnten Sonderfällen bestimmt das bewegliche Kreuz in jedem Punkt der Fläche zwei Richtungen, die einen festen Winkel bilden. Werden diese Richtungen zu Kurven zusammengefaßt, so bilden diese ein isogonales oder orthogonales System von Flächenkurven, längs welcher die Normalkrümmung konstant ist. Legt man durch die einzelnen Tangenten einer solchen Flächenkurve die Normalebenen zur Fläche im Berührpunkt, so bilden diese eine abwickelbare Fläche, auf der die Flächenkurve gelegen ist. Wird diese abwickelbare Fläche in die Ebene ausgebreitet, so geht dabei die Flächenkurve in einen Kreis über, dessen Radius durch die Krümmung des zugehörigen Kreuzbalkens bestimmt und daher für alle Flächenkurven der einen Schar derselbe ist. Umgekehrt kann jede der Flächenkurven durch Verbiegung einer schmalen, dünnen Lamelle, die in unverbogenem Zustand kreisförmig ist, erhalten werden. Sorgt man jetzt noch dafür, daß die Lamelle senkrecht zu der zu erzeugenden Fläche steht und daß die Lamellen der verschiedenen Flächenkurven sich unter konstantem Winkel schneiden, so kann man die gesuchten Flächen mechanisch als Lamellengeflecht erzeugen. Die dazu nötigen Verbindungsstücke habe ich schon vor vielen Jahren angegeben.[1]) Es sind zylindrische Röhrenstücke, die an gegenüberliegenden Stellen geschlitzt sind um die Lamellen aufzunehmen und unter bestimmtem Winkel gegenseitig festzuhalten. Siehe Fig. 12. Werden demnach zwei Reihen biegsamer kreisförmiger Lamellen von verschiedenem aber innerhalb jeder Reihe gleichem Radius so zu einem Geflecht vereinigt, daß die Lamellen hochkant zum Geflecht stehen und sich unter konstantem Winkel schneiden, so ahmt das Geflecht bei fortschreitender Verdichtung seiner Maschen eine Fläche nach, auf welcher ein unendlichkleines Kreuz mit krummen Balken unbeschränkt verschieblich ist und zwischen deren Hauptkrümmungen eine symmetrische quadratische Beziehung besteht.

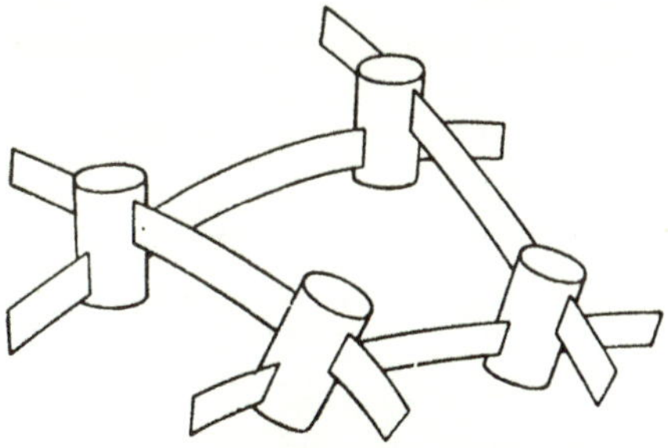

Figur 12

---

[1]) Mechanische Beziehungen bei der Flächendeformation. Jahresber. d. Deutschen Mathematiker-Vereinigung, 6. Bd. 1899, S. 58.

Das Ergebnis der Schweremessungen im Ries.

Von K. Schütte.

Mit einer Karte.

Vorgelegt von S. Finsterwalder in der Sitzung am 14. Mai 1927.

§ 1. Einleitung.

Das Ries ist ein kreisrunder Kessel zwischen Harburg-Nördlingen und Öttingen-Wemding von etwa 20 km Durchmesser mitten im Kamme des fränkischen Jura. Die Sohle des nahezu ebenen Kessels liegt dabei um etwa 100 m tiefer als der Jurakamm. Diese merkwürdige Einsenkung, die im Innern und am Rande einige Trichter mit vulkanischem Gestein aufweist und von einigen Granitbrocken bedeckt ist, zieht schon seit mehreren Jahrzehnten die Geologen und Geophysiker immer wieder an. Eine umfangreiche wissenschaftliche Literatur ist aus diesen Untersuchungen hervorgegangen, auf die hier nur ganz kurz verwiesen sei.[1])

Was die Schwerkraft anbetrifft, so lassen schon die Messungen von Herrn Anding im Jahre 1897[2]) in der Nähe von Öttingen eine Schwerestörung vermuten. Die bayerische Kommission für die internationale Erdmessung beschloß daher, dies Gebiet durch Pendel-

---

[1]) W. Branca und E. Fraas: „Das vulkanische Ries bei Nördlingen". Berlin 1901. W. Branca und E. Fraas: „Das vulkanische Vorries", Berlin 1903. Siehe auch Messerschmitt: „Magnetische Ortsbestimmungen in Bayern", München 1906. K. Haussmann: „Magnetische Messungen im Ries und dessen Umgebung", Berlin 1904. „Das Problem des Rieses". Verlag der Stadt Nördlingen, 1926.

[2]) Astr.-geodät. Arbeiten, Heft 10, p. 32.

beobachtungen näher zu untersuchen. So wurden im Jahre 1922 Herr Dr. Zinner und, nachdem seine Messungen immer noch kein klares Bild der Schwerestörungen gaben, im Jahre 1926 Verfasser beauftragt, im Ries erneute Pendelbeobachtungen vorzunehmen. Die jetzt vorliegende Zahl von etwa 20 Beobachtungsstationen dürfte, wenigstens in den groben Umrissen, ein einigermaßen vollständiges Bild der Schwereabweichungen dieses geologisch so interessanten Gebietes geben.

Die Pendelreise von Herrn Zinner wurde in der Zeit vom 21. Juli bis 28. August 1922 ausgeführt und zwar über Nördlingen, Marktoffingen, Öttingen, Dürrenzimmern, Wechingen, Wemding, Möttingen, Deggingen, Bissingen, Harburg. 1926 führten die Beobachtungen vom 6. Juli bis 11. August über Nördlingen, Dürrenzimmern (zwei Pendelräume), Öttingen, Wassertrüdingen, Ursheim, Laub, Alerheim, Deiningen, Dinkelsbühl, Hohenaltheim. Die Expedition wurde 1922 von Herrn Oberwerkführer G. Kraus, 1926 von Herrn Obermechaniker Fr. Bode begleitet und unterstützt. Jedoch unterscheiden sich die beiden Beobachtungsreihen in einigen Punkten. 1922 wurden alle fünf Pendel 89, 90, 91, A, B der bayerischen Erdmessungskommission benutzt und an jedem Orte durchweg zwei Reihen, also zehn Pendel beobachtet.[1]) 1926 dagegen hatten die beiden Pendel A, B inzwischen neue Pendelstangen aus Nickelstahl mit wesentlich kleineren Temperaturkonstanten erhalten. Außer diesen beiden wurde nur noch Pendel 91 beobachtet und zwar an jedem Orte durchweg vier Reihen, also zwölf Pendel. Ferner hatten sich 1926 die Radiogeräte sehr verbessert, womit die Zeitsignale öfter und zuverläßig aufgenommen und damit der Uhrgang sicherer abgeleitet werden konnte. Die Beobachtungen von 1926 verdienen also — wie auch die mittleren Fehler zeigen (s. § 6) — ein größeres Gewicht.

§ 2. Kurze Beschreibung der Pendelorte.

Eine kurze Übersicht soll die nötigsten Angaben über die einzelnen Pendelräume geben. Über den Münchener Pendelraum s. Astr. geod. Arb. 6. 15.

---

[1]) Die Angaben über die Beobachtungen von 1922 sind hauptsächlich einem fertigen, aber unveröffentlichten Berichte Herrn Zinners entnommen.

1922.

Ort	Pendelraum	Gestein	S	D
Nördlingen	Schule im Hallgebäude, Keller	Z	S	1.84 m
Marktoffingen	Schule, Erdgeschoß	Z	S	2.30
Öttingen	Prot. Schule, Erdgeschoß	Z	S	1.91
Dürrenzimmern I	Prot. Schule, 1. Stock	Z	SO	1.85
Wechingen	Schule, Erdgeschoß	Z	SW	1.87
Wemding	Mädchenschule, 1. Stock	H	SW	1.91
Möttingen	Schule, 1. Stock	Z	N	1.89
Deggingen	Kath. Pfarrhaus, Erdgeschoß	H	W	1.89
Bissingen	Schule, Erdgeschoß	Z	NO	1.90
Harburg	Herrschaftsgericht, 1. Stock	H	W	1.87

Der Höhenanschluß erfolgte durch Siedethermometer oder Nivellement.

1926.

Ort	Pendelraum	Gestein	S	D
Nördlingen	Wie 1922	Z	S	1.82 m
Dürrenzimmern I	Wie 1922	Z	W	1.94
Dürrenzimmern II	Speisekammer i. Pfarrhaus, Erdg.	Z	S	1.82
Öttingen	Wie 1922	Z	S	1.84
Wassertrüdingen	Turnhalle der Schule, Erdg.	H	NO	1.84
Ursheim	Holzkeller der Schule, Erdg.	H	S	1.89
Laub	Schuppen n. d. Schule, Keller	Z	O	1.92
Alerheim	Sakristei der Kirche, Erdg.	H	S	1.92
Deiningen	Waschküche der Schule, Erdg.	Z	N	1.93
Dinkelsbühl	Musikzim. i. d. Realschule, Erdg.	Z	NW	1.98
Hohenaltheim	Waschküche n. d. Schule, Erdg.	H	W	1.98

Der Höhenanschluß erfolgte durch Siedethermometer. Die Festigkeitsprobe wurde überall durch Wippen in der üblichen Weise durchgeführt. (Die Höhen und geographischen Koordinaten siehe § 6).

Bemerkungen: Unter Gestein bedeutet Z = Ziegelstein, H = Haustein. Unter S ist die Richtung vom Pendelstativ zum Koinzidenzapparat angegeben und D bedeutet die Entfernung beider.

§ 3. Die Pendelkonstanten.

Die Temperatur-Konstanten der fünf älteren Pendel sind häufiger bestimmt und zeigen kleine Veränderungen.[1] Zur Verbesserung der Schwingungsdauer wegen Temperatur wurde 1922 zunächst als Temperaturkonstante 49.0 angenommen (s. § 6): ebenso 1926 für das noch benutzte Pendel 91. Für die Dichtekonstanten sind für die alten Pendel auch immer die alten Werte und Tafeln benutzt worden.[2]

Was die beiden neuen Pendel A, B (1926)[3] aus Nickelstahl betrifft, so sind ihre Konstanten im Frühjahr 1926 im Geodätischen Institut zu Potsdam sehr eingehend untersucht. Die Ausgleichung der Beobachtungen von Herrn Dr. H. Schmehl gab folgende Werte:

Pendel	Dichtekonst.	Temperaturkonst.
(A)	633.3	8.34
(B)	619.7	8.68

wobei der mittlere Fehler bei beiden von der Größenordnung eines Prozentes der Werte selbst ist.

Mit diesen Konstanten sind (nach Astr.-geod. Arb. 6, p. 11) neue Tabellen zur Reduktion der Schwingungsdauer wegen Luftdruck und Temperatur gerechnet. Aus Raummangel muß hier ein Abdruck derselben unterbleiben. Zur Bestimmung der Temperatur wurden, wie früher, die Magazinthermometer No. 511 und No. 512 verwendet. Ferner wurden, auch wie früher, die Aneroidbarometer No. 6354 und No. 6355, welche vor und nach der Reise mit dem Stationsbarometer No. 1667 der Münchener Sternwarte verglichen wurden, zur Bestimmung des Luftdruckes benutzt.

§ 4. Die Uhr und ihre Gänge.

Als Pendeluhr diente auf beiden Reisen — wie früher — die Uhr Riefler No. 25, die in München regelmäßig mit einer

1) Astr.-geod. Arb. 10, p. 23.

2) Astr.-geod. Arb. 6. p. 107—108.

3) Diese sind im Folgenden mit (A), (B) bezeichnet, um Verwechslungen mit den früheren A, B zu vermeiden.

der beiden Normaluhren der Sternwarte auf dem Schreibchronographen verglichen wurde.

Auf der Reise wurde der Uhrgang durch drahtlosen Empfang von Zeitsignalen bestimmt. Hierzu war jedesmal eine umfangreiche Radioanlage mit Antenne nötig. 1922 wurden die Zeitzeichen von Nauen und Paris, 1926 die von Nauen und Bordeaux verwendet. Auf der ersten Expedition erfolgte die Registrierung der Zeitzeichen auf photographischem Wege mit Hilfe eines Edelmannschen Saitengalvanometers, auf der zweiten Reise konnte mit den verbesserten Radioapparaten die Registrierung auf dem Schreibchronographen ausgeführt werden. Herr Professor Wanach vom geodätischen Institut in Potsdam hatte die Liebenswürdigkeit, beidemale die Korrektionen der verwendeten Zeitzeichen durch Vergleich mit der Normaluhr des geodätischen Institutes zu ermitteln und zur Verfügung zu stellen. Daß der Empfang der Zeichen bis zur Registrierung auf einer Station, die alle drei bis vier Tage ihren Standort wechselt, durch stets neuen Antennenbau u. dergl. mit großen Schwierigkeiten verknüpft ist, braucht wohl kaum betont zu werden. So mußte auch 1922 Schmähingen mit Deggingen vertauscht werden, weil bei ersterem Ort die westlich vorgelagerten Hügel einen guten Empfang nicht gewährleisteten. Im übrigen haben die Herren Kraus (1922) und Bode (1926) besonders bei der Einrichtung und Benutzung der Empfangsanlagen unermüdlich mitgewirkt.

Die Gänge der Uhr R 25 sind nun zusammengestellt:

1922. I. München.

Datum	$\Delta^2 u$	Datum	$\Delta^2 u$
Juli 10.—13.	— 1ˢ271	Dez. 11.	+ 1ˢ574
Sept. 29. u. 30.	— 25.053	Dez. 12.	+ 1.590
Okt. 2. u. 3.	— 25.381	Dez. 13.	+ 1.558
Okt. 6. u. 7.	— 25.133	Dez. 14.	+ 1.494

Bei der photographischen Aufnahme auf den Stationen (1922) konnten durchschnittlich 15 Zeitzeichen mit dem Uhrzeichen verglichen werden; der mittlere Fehler einer Vergleichung von 15 Zeichen ist dabei ± 0ˢ0034. Die Gänge sind folgende:

1922. II. Stationen.

Datum	$\Delta^2 u$	Datum	$\Delta^2 u$	Datum	$\Delta^2 u$	Datum	$\Delta^2 u$
Juli 26.	$-8\overset{s}{.}20$	Aug. 2.	$-12\overset{s}{.}20$	Aug. 12.	$-26\overset{s}{.}89$	Aug. 20.	$-28\overset{s}{.}88$
„ 27.	-8.20	„ 5.	-12.88	„ 13.	-26.69	„ 23.	-29.70
„ 28.	-6.00	„ 7.	-13.10	„ 16.	-28.99	„ 24.	-29.99
„ 29.	-6.78	„ 9.	-27.80	„ 17.	-28.99	„ 27.	-29.02
Aug. 1.	-12.20	„ 10.	-26.80	„ 19.	-28.85	„ 28.	-28.89

1926. I. München.

Datum	$\Delta^2 u$	Datum	$\Delta^2 u$	Datum	$\Delta^2 u$
Juni 23.		Juni 28.		Aug. 13.—14.	$-0\overset{s}{.}44$
	$+0\overset{s}{.}03$		$-0\overset{s}{.}08$		
„ 24.		„ 29.			
	$+0.02$		-0.05		
„ 25.		„ 30.			
	-0.01		-0.12		
„ 26.		Juli 1.			
	-0.17		$-0\overset{s}{.}12$		
„ 27.		„ 2.			
	-0.08				
„ 28.					

Auf jeder Station wurden durchschnittlich 4,4 brauchbare Signale registriert; abgelesen wurden meistens 20 Punkte. Die Genauigkeit dürfte dabei die gleiche sein wie beim Vergleich zweier Uhren auf dem Schreibchronographen. Für jedes Pendel wurde aus einer graphischen Darstellung der für die Beobachtung gültige augenblickliche tägliche Uhrgang, nicht ein mittlerer täglicher Uhrgang entnommen. Ich beschränke mich darauf, hier aus dieser graphischen Darstellung nur die Gänge für neun Uhr morgens (MEZ) zu geben, sowie den größten und kleinsten täglichen Gang und den Verlauf auf jeder Station innerhalb des Pendelzeitraums. Ist der für neun Uhr gültige Gang eingeklammert (), so bedeutet dies, daß er außerhalb des Pendelzeitraums liegt, also kurz vor Anfang oder kurz nach Schluß der Beobachtungen.

1926. II. Stationen.

Datum	$\Delta^2 u$	Station	Max. Min.	Verlauf
Juli 9.	— 3.84	Nördlingen	— 4.2	
„ 10.	(— 3.86)		— 3.8	
„ 13.	— 4.80	Dürrenzimmern I	— 4.8	
„ 14.	— 3.88		— 3.6	
„ 16.	— 4.79	Dürrenzimmern II		
„ 17.	— 4.87		— 4.7	
„ 18.	— 5.11		— 5.6	
„ 19.	— 5.43			
„ 21.	(— 4.27)	Öttingen	— 4.3	
„ 22.	— 4.51		— 4.5	
„ 24.	(— 6.76)	Wassertrüdingen	— 6.9	
„ 25.	— 7.11		— 7.2	
„ 27.	(— 5.8)	Ursheim	— 5.7	
„ 28.	— 4.52		— 4.4	
„ 30.	(— 4.02)	Laub	— 4.0	
„ 31.	— 4.77		— 4.9	
Aug. 1.	(— 5.9)	Alerheim	— 5.9	
„ 2.	— 6.01		— 6.0	
„ 4.	(— 4.7)	Deiningen	— 4.7	
„ 5.	— 4.84		— 4.9	
„ 7.	(— 5.7)	Dinkelsbühl	— 5.9	
„ 8.	— 6.57		— 6.7	
„ 10.	— 5.24	Hohenaltheim	— 5.2 — 4.7	

§ 5. **Verschiedene Bemerkungen.**

Die Pendelräume waren natürlich nicht überall von gleicher Güte. In Nördlingen hatte ich 1926 ziemlich unter der Feuchtigkeit zu leiden. In Dürrenzimmern I war der Pendelraum im ersten Stock der Schule wohl nicht ganz einwandfrei; jedenfalls sind die Wände ziemlich dünn; auch waren dort die Temperaturschwankungen 1926 ziemlich groß. Dagegen müssen die Bedingungen in Dürrenzimmern II (Pfarrhaus) mindestens als gut bezeichnet werden. Trotzdem dort sechs Reihen beobachtet wurden, ist die Übereinstimmung der einzelnen Pendel nicht besonders gut, ohne daß dafür ein ersichtlicher Grund anzugeben wäre.

In Ursheim konnte der Glaskasten über dem Pendelstativ nicht befestigt werden. Als ganz besonders günstig müssen die Beobachtungsbedingungen in Alerheim (Sakristei der Kirche) bezeichnet werden, wie auch der gleichmäßige Uhrgang und die vorzügliche Übereinstimmung der einzelnen Beobachtungen beweisen.

Um eine bessere Befestigung der Uhr und des Pendelapparates zu erzielen, konnte 1926 bei den nahe beieinander liegenden Orten Herr Bode auf sieben Stationen bereits vor der Übersiedelung die Befestigungsbolzen eingipsen.

1926 wurden häufig mehrere Reihen unmittelbar hintereinander beobachtet. Dann wurde aber jedesmal am Schluß der vorangehenden Reihe das letzte Pendel auf die Hilfsschneiden gehoben und zum Beginn der neuen Reihe wieder herunter gelassen.

§ 6. Die Beobachtungen und die Ergebnisse.

Die Wiedergabe der Beobachtungen kann hier nur in ganz gedrängter Form geschehen. Für jede Station ist jedes Pendel aus den einzelnen Reihen gemittelt; *n* gibt dann noch die Anzahl der Beobachtungsreihen an, 1922 zu je fünf, 1926 zu je drei Pendeln.

1922. Vorläufige Werte (Beobachter Zinner).

Ort	*n*	B	A	91	90	89	Mittel
		0ˢ.507 +	0ˢ.507 +	0ˢ.507 +	0ˢ.507 +	0ˢ.507 +	0ˢ.507 +
München[1])	6	7832.2*	7491.8	6843.2	6900.5	8165.0	7446.5
Nördlingen	2	7489.5	7142.0	6494.0	6555.0	7799.5	7096.0
Marktoffingen	2	7514.5	7174.0	6517.0	6577.5	7862.5	7129.1
Öttingen	2	7471.0	7129.5	6493.0	6550.0	7798.5	7088.4
Dürrenzimmern	2	7548.0	7216.5	6552.5	6604.5	7842.5	7152.8
Wechingen	2	7487.5	7147.5	6480.5	6542.0	7796.0	7090.7
Wemding	2	7499.0	7151.0	6517.0	6559.5	7773.5	7100.0
Möttingen	2	7500.5	7155.5	6501.5	6581.5	7795.5	7106.9
Deggingen	2	7527.0	7173.0	6539.5	6608.0	7833.0	7138.1
Bissingen	2	7541.5	7193.5	6554.5	6626.5	7860.5	7155.1
Harburg	2	7568.5	7231.0	6581.0	6651.5	7877.5	7181.9
München[2])	6	7838.2	7497.5	6855.0	6927.7	8151.7	7454.2
München[3])	4	7837.5	7493.8	6877.0	6940.3	8181.5	7465.8

[1]) 10.-13. Juli; [2]) 29. Sept.-7. Okt.; [3]) 11.-14. Dez.; * in Einheiten der 7. Dezimale

1926. (Beobachter Schütte).

Ort	n	(A)	(B)	91
		0ˢ505 +	0ˢ505 +	0ˢ507 +
München¹)	6	8145.5*	7607.0	6873.3
Nördlingen	4	7793.0	7254.8	6522.8
Dürrenzimmern I	4	7847.0	7289.5	6534.5
Dürrenzimmern II	6	7812.7	7274.7	6530.2
Öttingen	4	7788.0	7241.8	6490.0
Wassertrüdingen	4	7732.5	7185.0	6435.0
Ursheim	4	7807.0	7269.0	6501.5
Laub	4	7786.2	7238.5	6492.0
Alerheim	4	7792.2	7252.8	6509.0
Deiningen	4	7817.2	7270.2	6519.2
Dinkelsbühl	4	7741.8	7196.5	6453.2
Hohenaltheim	4	7822.0	7272.0	6540.8
München²)	4	8143.2	7602.0	6862.0

Die mittleren Fehler der Beobachtungen sind die folgenden:

1922: m. F. eines Einzelpendels aus 36 Reihen und 13 Gruppenmitteln . . . . . . $\pm$ 15ˢ0 $\times 10^{-7}$
m. F. einer Reihe von fünf Pendeln . . $\pm$ 6ˢ7 $\times 10^{-7}$

1926: m. F. eines Einzelpendels aus 56 Reihen und 13 Gruppenmitteln . . . . . . $\pm$ 12ˢ0 $\times 10^{-7}$
m. F. einer Reihe von drei Pendeln . . $\pm$ 6ˢ9 $\times 10^{-7}$

1926 hat also eine Reihe von drei Pendeln etwa das gleiche Gewicht wie eine Reihe aus fünf Pendeln im Jahre 1922. Dies mag vor allem seinen Grund darin haben, daß die Pendel 1922 nicht so konstant waren, wie auch die weniger gute Übereinstimmung der Anschlußbeobachtungen in München zeigt. Herr Zinner hat deshalb schon damals versucht, für die drei Pendel 89, 90 und 91 die Temperaturkonstante neu zu bestimmen und erhielt hierfür:

Pendel 91	47.24
Pendel 90	47.46
Pendel 89	47.38.

¹) 23. Juni — 1. Juli; ²) 13.—14. Aug.; * in Einheiten der 7. Dezimale.

Mit diesen Werten hat dann Herr Zinner die Beobachtungen von 1922 verbessert und erhält dann folgende endgültige Mittelwerte aller fünf Pendel für jeden Ort, die für die weitere Reduktion verwendet wurden:

1922: Definitive Mittelwerte.

München[1]	0ˢ.50774651	Wemding	0ˢ.50771174
Nördlingen	71088	Möttingen	71243
Marktoffingen	71446	Deggingen	71545
Öttingen	71061	Bissingen	71734
Dürrenzimmern	71713	Harburg	71960
Wechingen	71095		

Aus den Abweichungen Δs gegen die Schwingungsdauer in München, ergibt sich dann der Schwereunterschied aus:

$$\Delta g = -\frac{2g}{s}\Delta s,$$

woraus für 1922:

$$\Delta g = -0.003863\,\Delta s$$

und für 1926:

$$\begin{cases} \Delta g = -0.003863\,\Delta s \text{ für Pendel 91} \\ \Delta g = -0.003878\,\Delta s \text{ für die neuen Pendel (A), (B)} \end{cases}$$

folgt.

In der folgenden Tabelle sind nun die noch fehlenden Daten wie die geographischen Koordinaten und die Höhen enthalten. Die Dichte des Untergrundes Θ und der überragenden Berghöhen Θ' übermittelte liebenswürdigerweise Herr Dr. Schröder. Die topographische Korrektion ist in üblicher Weise ermittelt und berücksichtigt; sie war nur für Harburg > 0.01, für Bissingen, Deggingen, Wemding, Marktoffingen, Ursheim und Hohenaltheim ≤ 0.003 und für alle übrigen Orte verschwindend. Schließlich folgen die Schwereabweichungen $g - \gamma$ der beobachteten von der theoretischen Schwere, bezogen auf das Potsdamer Netz (s. astr. geod. Arb., Heft 10, p. 31). Zum Vergleich sind noch unter A zwei Orte von Herrn Andings Messungen 1897 angeführt.

[1]) Mittel aus Juli, Okt., Dez.

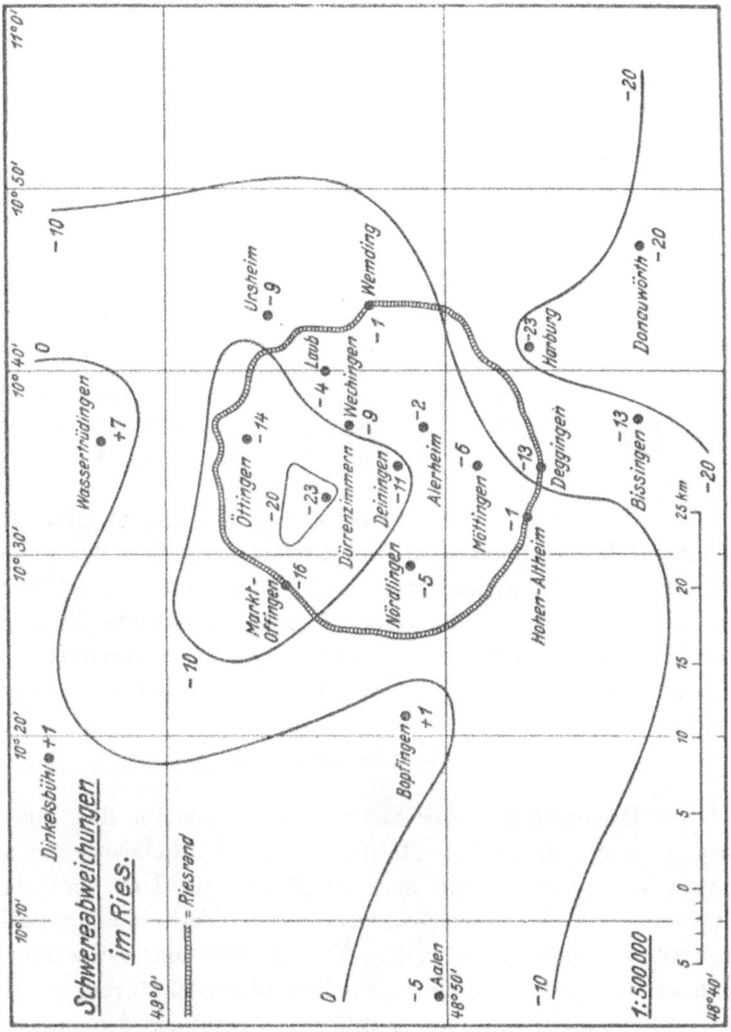
Schwereabweichungen im Ries.
= Riesrand
1:500 000
49°0'
48°50'
48°40'
10°10'
10°20'
10°30'
10°40'
10°50'
11°0'
Dinkelsbühl +1
Wassertrüdingen +7
Ursheim -9
Wemding -1
Laub -4
Wechingen -9
Öttingen -14
Dürrenzimmern
Deiningen -11
Alerheim -2
Markt-Öttingen -16
Nördlingen -5
Möttingen -6
Hohen-Altheim -1
Deggingen -13
Harburg -23
Donauwörth -20
Bissingen -13
Bopfingen +1
Aalen -5
-20
-23
-10
0
25 km

Ort	λ	φ	h	Θ	Θ'	g — γ 1922	1926	A	Mittel
Nördlingen	10° 29'	+ 48° 51.'2	429 m	2.3	2.5	— 0.03	— 0.04	— 0.09	— 0.05
Marktoffingen	28	55.7	462	2.3	2.6	— 0.16	—	—	—
Öttingen	36	57.1	418	2.3	—	— 0.13	— 0.10	— 0.18	— 0.14
Dürrenzimmern I	32	54.8	426	2.3	—	— 0.31	— 0.22		} — 0.23
Dürrenzimmern II	34	54.2	423	2.3	—	—	— 0.16		
Wechingen	37	53.5	418	2.3	—	— 0.09	—		
Wemding	44	52.7	462	2.3	2.7	— 0.01	—		
Möttingen	35	48.8	425	2.3	2.5	— 0.06	—		
Deggingen	35	46.5	461	2.3	2.7	— 0.13	—		
Bissingen	37	43.0	449	2.4	2.7	— 0.13	—		
Harburg	41	46.9	493	2.7	—	— 0.23	—		
Wassertrüdingen	36	49 2.3	426	2.3	2.5	—	+ 0.07		
Ursheim	43	48 56.4	456	2.4	2.5	—	— 0.09		
Laub	40	54.3	417	2.3	—	—	— 0.04		
Alerheim	37	50.8	425	2.3	2.5	—	— 0.02		
Deiningen	35	51.7	420	2.3	—	—	— 0.11		
Dinkelsbühl	19	49 4.2	436	2.3	—	—	+ 0.01		
Hohenaltheim	32	+ 48° 47.0	462	2.4	2.7	—	— 0.01		

Die definitiven Werte der Schwereabweichungen sind in die beiliegende Karte eingetragen, wobei noch einige Orte der weiteren Umgebung mitgenommen sind. Alsdann sind die Kurven gleicher Schwereabweichungen von zehn zu zehn hundertstel Millimeter gezeichnet, nötigenfalls unter Anpassung an das Gesamtbild der Schwereabweichungen im mittleren Bayern (s. Karte in astr. geod. Arb., Heft 10).

(Karte siehe Seite 143.)

Das Hauptergebnis der Schweremessungen im Ries ist eine Störung in der nördlichen Hälfte, wo ein deutliches, wenn auch nicht sehr starkes Defizit ausgeprägt ist mit dem Zentrum in Dürrenzimmern, durch welchen Ort auch die Tallinie der negativen magnetischen Störungen läuft. Wollte man das Schweredefizit allein auf eine geringere Untergrunddichte zurückführen, so müßte diese um beiläufig 0.5 kleiner sein, ein Resultat, dem von geologischer Seite wohl widersprochen wird.

Über bemerkenswerte Singularitätenbildungen bei gewissen Partialbruchreihen.

Von **Alfred Pringsheim.**

Vorgetragen in der Sitzung am 14. Mai 1927.

Die folgenden Betrachtungen beziehen sich auf Partialbruchreihen von der Form $\sum \frac{c_\nu}{x - a_\nu}$, wo die a_ν $(\nu = 0, 1, 2, \ldots)$ eine Punktmenge vorstellen, deren Häufungsstellen auf der Begrenzung eines einfach zusammenhängenden, im Inneren von Punkten a_ν freien Bereiches überall dicht liegen. Um das charakteristische der in Frage kommenden Ergebnisse hervortreten zu lassen, genügt es, als jene Begrenzung deren einfachsten Typus, einen Kreis $\mathfrak{K}$ um den Nullpunkt in Betracht zu ziehen, zumal die entsprechende Übertragung auf geschlossene Kurven sehr allgemeiner Natur keine nennenswerten Schwierigkeiten macht. Es handelt sich sodann im wesentlichen um die Beantwortung der Frage, inwieweit jener Kreis $\mathfrak{K}$ für die „Innenfunktion", d. h. die durch die Reihe $\sum \frac{c_\nu}{x - a_\nu}$ im Innern von $\mathfrak{K}$ definierte analytische Funktion, eine singuläre Linie darstellt. Dabei sind zwei grundsätzlich verschiedene Fälle zu trennen, nämlich je nachdem die a_ν bzw. eine Teilmenge der a_ν auf $\mathfrak{K}$ überall dicht liegt, oder die a_ν durchweg außerhalb $\mathfrak{K}$ und nur deren Häufungsstellen auf $\mathfrak{K}$ und zwar überall dicht liegen.

Der erste Fall ist unter der Voraussetzung, daß die Reihe $\Sigma |c_\nu|$ konvergiert, schon vor vierzig Jahren von Herrn Goursat,[1]) durch Bejahung der obigen Frage entschieden worden. Hier soll gezeigt werden, daß bei Verzicht auf die Konvergenz von $\Sigma |c_\nu|$,

[1]) Bulletin des sciences mathématiques (2), 11 [1887], p. 109.

wenn die an sich divergente Partialbruchreihe durch Gliederassociation konvergent wird, tatsächlich das Gegenteil eintreten kann (§ 1).

Was den zweiten Fall betrifft, so habe ich in einer Arbeit vom Jahre 1897[1]) gezeigt, daß bei besonderer Wahl der a_ν die fragliche singuläre Beschaffenheit von $\mathfrak{K}$ vorhanden ist.[2]) Dagegen blieb die von Herrn Borel[3]) angeregte Frage, ob dies allemal der Fall ist, lange Zeit eine offene und wurde erst im Jahre 1921 von Herrn Wolff[4]) (unabhängig davon neuerdings auch von Herrn Hartogs) im verneinenden Sinne gelöst. Ich gebe für die etwas erweiterte und prägnanter gefaßte Lösung eine nur wesentlich elementarere Hilfsmittel in Anspruch nehmende Herleitung und knüpfe daran eine Anwendung, welche geeignet sein dürfte, unsere Anschauungen über die Tragweite der Begriffe „analytischer Ausdruck" und „analytische Funktion" in gewissem Sinne zu vervollständigen (§ 2).

§ 1.

1. Wir unterwerfen zunächst die a_ν keiner anderen Beschränkung, als daß kein a_ν im Innern von $\mathfrak{K}$, mindestens ein a_ν, etwa das mit a_0 bezeichnete, auf $\mathfrak{K}$ gelegen ist. Ferner wird $\Sigma|c_\nu|$ als konvergent vorausgesetzt, sodaß die Reihe

$$(1) \qquad S(x) \equiv \sum_0^\infty {}_\nu \frac{c_\nu}{x - a_\nu}$$

in jedem abgeschlossenen, von Stellen a_ν freien Bereiche gleichmäßig konvergiert und daher insbesondere im Innern von $\mathfrak{K}$ eine daselbst eindeutige analytische Funktion regulären Verhaltens $f(x)$ darstellt. Es handelt sich dann darum, festzustellen, daß a_0 eine singuläre Stelle für $f(x)$ sein muß.

Dies ist unmittelbar ersichtlich, wenn a_0 eine isolierte Stelle der Menge $\{a_\nu\}$ ist, in welchem Falle sie einen einfachen

---

1) Math. Annalen 50 [1898], S. 447.

2) Einen anderen Typus von etwas allgemeinerer Art hat Herr G. Julia angegeben: Bulletin de la Société mathématique 41 [1913], p. 351.

3) Thèse: Sur quelques points de la théorie des fonctions [Paris 1894], p. 14. Wieder abgedruckt: Annales de l'École normale (3), 12 [1895], p. 22.

4) Comptes rendus 173 [1921], p. 1327.

Pol für $f(x)$ liefert, da nach Abtrennung des Gliedes $\frac{c_0}{x-a_0}$ die gleichmäßige Konvergenz der übrigen Reihe für eine gewisse Umgebung der Stelle a_0 erhalten bleibt.

Aber auch dann, wenn a_0 eine Häufungsstelle von nur isolierten Stellen der Menge $\{a_\nu\}$ ist, kann a_0 keine Stelle regulären Verhaltens für $f(x)$ sein, denn eine analytische Fortsetzung $\mathfrak{P}(x|a_0)$ von $f(x)$ müßte auch im Außengebiete von $\mathfrak{K}$ mit $S(x)$ übereinstimmen und somit in jeder Nähe von a_0 beliebig große Werte annehmen.

Diese Schlußweise versagt aber vollständig, wenn a_0 einem Bogen von $\mathfrak{K}$ angehört, auf welchem Stellen a_ν überall dicht liegen. Ja, es muß dann sogar mit der Möglichkeit gerechnet werden, daß der Einfluß des einen „singulären" Gliedes $\frac{c_0}{x-a_0}$ durch denjenigen der unendlich vielen Glieder $\frac{c_\nu}{x-a_\nu}$, welche von den in beliebiger Nähe von a_0 sich häufenden a_ν herrühren, kompensiert werden könnte. Den Beweis des Gegenteils hat die oben zitierte Arbeit des Herrn Goursat geliefert. Doch läßt sich die dortige etwas umständliche Beweisführung mit Benützung ihres Grundgedankens durch die folgende erheblich kürzere ersetzen.

Wird nach Annahme eines positiven $\varepsilon < 1$ ein n so fixiert, daß

$$(2) \qquad \sum_{n+1}^{\infty}{}^{\nu} |c_\nu| < \varepsilon |c_0|$$

und sodann $S(x)$ in die Form gesetzt:

$$(3) \qquad S(x) = \frac{c_0}{x-a_0} + \sum_{1}^{n}{}^{\nu} \frac{c_\nu}{x-a_\nu} + \sum_{n+1}^{\infty} \frac{c_\nu}{x-a_\nu},$$

so folgt:

$$(4) \qquad |S(x)| \geqq \left|\frac{c_0}{x-a_0}\right| - \left|\sum_{1}^{n}{}^{\nu} \frac{c_\nu}{x-a_\nu}\right| - \sum_{n+1}^{\infty}{}^{\nu} \left|\frac{c_\nu}{x-a_\nu}\right|.$$

Nimmt man x auf dem Radius $0a_0$ an, so hat man für jedes $\nu > 0$:

$$|x-a_\nu| > |x-a_0|$$

und daher:

$$\sum_{n+1}^{\infty}{}^{\nu}\left|\frac{c_\nu}{x-a_\nu}\right| < \frac{1}{|x-a_0|}\cdot\sum_{n+1}^{\infty}{}^{\nu}|c_\nu| < \frac{\varepsilon|c_0|}{|x-a_0|},$$

so daß die Ungleichung (4) durch die folgende ersetzt werden kann:

$$(5) \qquad |S(x)| > \frac{(1-\varepsilon)|c_0|}{|x-a_0|} - \left|\sum_{1}^{n}{}^{\nu}\frac{c_\nu}{x-a_\nu}\right|.$$

Die rationale Funktion, welche das letzte Glied der rechten Seite bildet, nimmt, da die $|a_0 - a_\nu|$ für $\nu = 1, 2, \ldots n$ ein von Null verschiedenes Minimum haben müssen, für $x = a_0$, also auch für $x \to a_0$ einen bestimmten endlichen Wert an. Man findet daher, wenn man x auf dem Radius $\overline{0 a_0}$ gegen a_0 konvergieren läßt:

$$(6) \qquad \lim_{x\to a_0} |S(x)| = +\infty \text{ [1]},$$

woraus mit Sicherheit folgt, daß die Stelle a_0 für $f(x)$ eine singuläre ist. Das gleiche gilt dann aber für jede auf $\mathfrak{K}$ gelegene Stelle a_m, wie unmittelbar daraus hervorgeht, daß es ja freisteht, das Glied $\frac{c_m}{x-a_m}$ zum Anfangsgliede der Reihe $S(x)$ zu machen. Liegt insbesondere die Menge der a_ν oder eine ihrer Teilmengen auf $\mathfrak{K}$ überall dicht, so ist schließlich jede Stelle von $\mathfrak{K}$ eine singuläre für $f(x)$, also $\mathfrak{K}$ die natürliche Grenze von $f(x)$.

2. Der Gang des vorstehenden Beweises zeigt deutlich, daß die vorausgesetzte Konvergenz von $\sum|c_\nu|$ es bewirkt, daß das unbegrenzte Anwachsen von $\left|\frac{c_0}{x-a_0}\right|$ bei radialer Annäherung von x an die Stelle a_0 durch die Summe $\sum_{n+1}^{\infty}{}^{\nu}\frac{c_\nu}{x-a_\nu}$ niemals kompensiert werden kann, auch wenn in der letzteren ganz beliebige Mengen an der Stelle a_0 sich häufender a_ν vorkommen. Daß dagegen eine solche Kompensation tatsächlich eintreten kann, wenn man die Voraussetzung der Konvergenz von $\sum|c_\nu|$ fallen läßt, soll jetzt an einem charakteristischen Beispiele gezeigt werden.

[1] Bei beliebigem Grenzübergange $x \to a_0$ ließe sich nur aussagen:

$$\overline{\lim_{x\to a_0}}|S(x)| = +\infty.$$

Wir nehmen als Punktmenge $\{a_\nu\}$ die sämtlichen Wurzeln aller Gleichungen von der Form:

$$(7) \qquad x^{2^\nu} = -1 \qquad (\nu = 0, 1, 2, \ldots).$$

Dieselben sind nicht nur für jedes einzelne ν, sondern für die Folge aller möglichen ν voneinander verschieden. Denn ist für irgendein $\nu \geq 0 : x_\nu$ eine Wurzel der Gleichung: $x^{2^\nu} = -1$, also $x_\nu^{2^\nu} = -1$, so findet man durch Quadrieren: $x_\nu^{2^{\nu+1}} = +1$ und durch fortgesetztes Quadrieren allgemein: $x_\nu^{2^{\nu+\varrho}} = +1$ $(\varrho \geq 1)$, so daß jedes einzelne x_ν niemals Wurzel einer zu höherem oder niedrigerem ν gehörigen Gleichung sein kann. Die Gesamtheit dieser Wurzeln liegt dann auf dem Einheitskreise überall dicht und zwar sind, wenn für $\nu \geq 0$ gesetzt wird:

$$(8) \qquad e_\nu = e^{\frac{\pi i}{2^\nu}} \qquad (\text{also: } e_\nu^{2^\nu} = -1)$$

die 2^ν Wurzeln jeder einzelnen Gleichung: $x^{2^\nu} = -1$ $(\nu = 0, 1, 2, \ldots)$ in der Form enthalten:

$$e_\nu^{2\lambda+1} \qquad (\lambda = 0, 1, \ldots 2^\nu - 1).$$

Wir bilden nun die Partialbruchreihe:

$$(9) \qquad S(x) = \sum_0^\infty{}_\nu \left(\frac{1}{x - e_\nu} + \frac{1}{x - e_\nu^3} + \cdots + \frac{1}{x - e_\nu^{2^{\nu+1}-1}} \right)$$

und stellen zunächst fest, daß dieselbe für $|x| < 1$ absolut, für $|x| < \varrho < 1$ auch gleichmäßig konvergiert, also für $|x| < 1$ eine eindeutige analytische Funktion regulären Verhaltens $f(x)$ darstellt, wenn man nicht die einzelnen Partialbrüche, sondern die in der Definitionsgleichung (9) kenntlich gemachten Klammergruppen als Reihenglieder auffaßt. Dies wird unmittelbar ersichtlich, wenn man die Reihe durch Summation dieser Klammergruppen in die Form setzt:

$$(10) \qquad S(x) = \sum_0^\infty{}_\nu \frac{2^\nu x^{2^\nu - 1}}{1 + x^{2^\nu}},$$

deren Richtigkeit sich am einfachsten ergibt, wenn auf die Glieder dieser Reihe die bekannte Formel für die Zerlegung in Partialbrüche anwendet.

Wird bei beliebig groß angenommenem n die Reihe (9) bei $\nu = n$ abgebrochen und setzt man:

$$(11)\qquad S_n(x) \equiv \sum_0^n {}^\nu \left(\frac{1}{x - e_\nu} + \frac{1}{x - e_\nu^3} + \cdots + \frac{1}{x - e_\nu^{2^{\nu+1}-1}} \right),$$

so hat die rationale Funktion $S_n(x)$ die (durchweg voneinander verschiedenen) Wurzeln der Gleichungen $x^{2^\nu} = -1$ $(\nu = 0, 1, \ldots n)$ zu einfachen Polen (Anzahl: $1 + 2 + 2^2 + \cdots + 2^n = 2^{n+1} - 1$).

Ersetzt man n der Reihe nach durch $n + 1$, $n + 2, \ldots$, so treten jedesmal neue Gruppen von Polen hinzu, die bei unbegrenzter Fortsetzung dieses Verfahrens sich auf dem Einheitskreise unbegrenzt verdichten. Nichtsdestoweniger wäre die naheliegende Vermutung, daß die für $n \to \infty$ resultierende Grenzfunktion $S(x)$ bzw. die mit $f(x)$ bezeichnete „Innenfunktion" alle jene Pole zu singulären Stellen, somit schließlich den Einheitskreis zur natürlichen Grenze haben dürfte, vollkommen irrig, wie die folgende Überlegung zeigt.

Setzt man für $|x| < 1$:

$$\mathfrak{F}(x) = \prod_0^\infty {}^\nu (1 + x^{2^\nu}) = \lim_{n \to \infty} \mathfrak{F}_n(x), \quad \text{wo:} \quad \mathfrak{F}_n(x) = \prod_0^n {}^\nu (1 + x^{2^\nu}),$$

so findet man durch Multiplikation und Division jedes Faktors mit $(1 - x^{2^\nu})$:

$$\mathfrak{F}_n(x) = \prod_0^n {}^\nu \frac{1 - x^{2^{\nu+1}}}{1 - x^{2^\nu}} = \frac{1 - x^{2^{n+1}}}{1 - x}$$

und daher:

$$\mathfrak{F}(x) = \frac{1}{1 - x}.\,[1]$$

Hieraus folgt durch logarithmisches Differenzieren:

$$\frac{\mathfrak{F}'(x)}{\mathfrak{F}(x)} \equiv \sum_0^\infty {}^\nu \frac{2^\nu x^{2^\nu - 1}}{1 + x^{2^\nu}} = \frac{1}{1 - x},$$

also, wie die Vergleichung mit Gl. (10) zeigt, für $|x| < 1$:

---

[1]) Andere Herleitung: Man findet, wenn man $\mathfrak{F}(x)$ für $|x| < 1$ nach Potenzen von x ordnet:

$$\mathfrak{F}(x) = \sum_0^\infty {}^\lambda x^\lambda$$

(vgl. hierzu Nr. 3).

(11) $$S(x) = \frac{1}{1-x}$$

und somit schließlich für jedes x:

(12) $$f(x) = \frac{1}{1-x}.$$

Es vollzieht sich hier also beim Übergange zum Einheitskreise eine vollständige numerische Kompensation der verschiedenen Partialbrüche, ohne daß sich irgendwelche von ihnen gegeneinander wegheben können.[1]) Und statt der vermuteten unendlich vielen singulären Stellen $x = e_\nu^{2\lambda+1}$ ($\nu = 0, 1, 2, \ldots$; $\lambda = 0, 1, \ldots 2^\nu - 1$) erscheint als einzige singuläre Stelle der (unter jenen überhaupt gar nicht enthaltene) einfache Pol $x = 1$. Man kann übrigens aus der Form der Reihe (10) deutlich ersehen, wie dieses immerhin einigermaßen überraschende Ergebnis zu Stande kommt, wobei es zweckmäßig ist, die Glieder der Reihe nach mit dem Faktor x zu multiplizieren, so daß also:

(13) $$x \cdot S(x) \equiv \sum_0^\infty{}^\nu \frac{2^\nu x^{2^\nu}}{1+x^{2^\nu}} = \frac{x}{1-x}.$$

Läßt man jetzt x zunächst auf dem Radius gegen die Stelle -1 konvergieren, so wird:

$$\lim_{x \to -1} \frac{x}{1+x} = -\infty, \quad \text{zugleich:} \quad \lim_{x \to -1} \sum_1^\infty{}^\nu \frac{2^\nu x^{2^\nu}}{1+x^{2^\nu}} = +\infty$$

---

1) Ganz anders liegt die Sache, wenn $S(x)$ nicht von vorn herein als geordnete Partialbruchreihe, sondern als Reihe irgendwelcher rationaler Funktionen gegeben ist, welche noch die Möglichkeit offen lassen, daß sich Partialbrüche wegheben. Setzt man z. B.

$$S(x) \equiv \sum_1^\infty{}^\nu \frac{x^{2^\nu - 1}}{1-x^{2^\nu}},$$

so hat man:

$$x^{2^\nu - 1} = (1 + x^{2^{\nu-1}}) - 1,$$

also:

$$\sum_1^n{}^\nu \frac{x^{2^\nu - 1}}{1-x^{2^\nu}} = \sum_1^n \left(\frac{1}{1-x^{2^{\nu-1}}} - \frac{1}{1-x^{2^\nu}}\right) = \frac{1}{1-x} - \frac{1}{1-x^{2^n}}$$

und daher für $|x| < 1$:

$$S(x) = \frac{1}{1-x}.$$

und diese beiden entgegengesetzten ∞ kompensieren sich in der Weise, daß:

$$\lim_{x \to -1} \left(\frac{x}{1+x} + \sum_1^\infty {}^\nu \frac{2^\nu x^{2^\nu}}{1+x^{2^\nu}} \right) = \lim_{x \to -1} \left(\frac{x}{1-x} \right) = -\frac{1}{2}$$

wird. Etwas analoges findet an jeder Stelle statt, welche Wurzel einer Gleichung von der Form $x^{2^n} = -1$ ist, nämlich in der Weise, daß das Glied mit dem Index $\nu = n$ den Grenzwert $-\infty$ liefert, während die vorhergehenden Glieder endlich bleiben, dagegen die anschließende unendliche Reihe nach $+\infty$ divergiert.

Auch daß die Stelle $+1$ eine singuläre sein muß, ist unmittelbar aus der Reihenform (13) zu ersehen, da für $x = 1$ die Gesamtreihe und daher bei radialer Annäherung auch $\lim_{x \to 1} x\, S(x)$ nach $+\infty$ divergiert.

Es erscheint ganz lehrreich, sich davon zu überzeugen, daß im Gegensatz zu dem eben gewonnenen Resultat der Einheitskreis in Übereinstimmung mit dem Satze von Nr. 1 zur singulären Linie wird, wenn man den Partialbrüchen der Reihe (9) Konvergenzfaktoren von der Art der zuvor mit c_ν bezeichneten hinzufügt. Es werde z. B. gesetzt:

$$(14) \qquad S(x) = \sum_0^\infty {}^\nu \frac{c_\nu}{2^\nu} \left(\frac{1}{x - e_\nu} + \frac{1}{x - e_\nu^3} + \cdots + \frac{1}{x - e_\nu^{2^{\nu+1}-1}} \right),$$

wo $\sum |c_\nu|$ wieder konvergieren soll, so wird auch die Reihe der Partialbruchzähler absolut konvergent, da die zum Index ν gehörige Klammergruppe nur aus 2^ν Gliedern besteht, so daß also die Voraussetzung des Satzes von Nr. 1 erfüllt ist. Zugleich besteht nach Analogie von Gl. (13) für $x\, S(x)$ jetzt die Formel:

$$(15) \qquad x\, S(x) = \sum_0^\infty {}^\nu \frac{c_\nu x^{2^\nu}}{1 + x^{2^\nu}}.$$

Man hat dann wiederum:

$$\lim_{x \to -1} \frac{c_0 x}{1+x} = -\infty, \quad \text{dagegen:} \quad \lim_{x \to -1} \sum_1^\infty {}^\nu \frac{c_\nu x^{2^\nu}}{1+x^{2^\nu}} = \sum_1^\infty {}^\nu \frac{c_\nu}{2},$$

also endlich, so daß die Stelle $x = -1$ eine singuläre wird. Das Entsprechende ergibt sich analog für jede Stelle, welche Wurzel einer Gleichung von der Form $x^{2^\nu} = -1$ ist.

3. Ich möchte in diesem Zusammenhange noch darauf hinweisen, daß die Reihe:

$$(16) \qquad S(x) = \sum_0^\infty {}_\nu \frac{2^\nu x^{2^\nu - 1}}{1 - x^{2^\nu}},$$

die ja formal eine große Ähnlichkeit mit der Reihe (10) hat, einen völlig verschiedenen Charakter besitzt. Zunächst bemerke man, daß hier jede Wurzel eines beliebigen Nenners auch als Wurzel jedes folgenden Nenners wiederkehrt (wie bei dem Beispiel von S. 151, Fußnote 1). Obschon sich hierdurch die Wahrscheinlichkeit für eine Annullierung von singulären Stellen zu verbessern scheint (vgl. das eben erwähnte Beispiel) hat die vorliegende Reihe im Gegensatz zu der obengenannten den Einheitskreis zur singulären Linie, wie wiederum am einfachsten daraus erkannt wird, daß sie (abgesehen vom Vorzeichen) durch logarithmische Differentiation aus dem unendlichen Produkt:

$$(17) \qquad \mathfrak{P}(x) \equiv \prod_0^\infty {}_\nu (1 - x^{2^\nu})$$

hervorgeht, von dem sich leicht nachweisen läßt, daß es gleichfalls die fragliche Eigenschaft besitzt, während es für $|x| < 1$ wiederum eine reguläre analytische Funktion darstellt.

Bezeichnet man nämlich mit ϱ eine beliebige positive Zahl < 1, so wird:

$$0 < \mathfrak{P}(\varrho) = (1 - \varrho)(1 - \varrho^2)(1 - \varrho^4) \ldots < 1 - \varrho,$$

so daß $\mathfrak{P}(\varrho)$ durch hinlängliche Annäherung von ϱ an den Wert 1 beliebig klein gemacht werden kann. Es nimmt also $\mathfrak{P}(x)$ zunächst in der Nähe der Stelle $x = 1$ beliebig kleine Werte an.

Bedeutet jetzt $m > 1$ eine beliebige natürliche Zahl, so hat man:

$$\mathfrak{P}(x^{2^m}) \equiv \prod_0^\infty {}_\nu (1 - x^{2^{m+\nu}}) = \prod_m^\infty {}_\nu (1 - x^{2^\nu})$$

und daher:

$$\mathfrak{P}(x) = \prod_0^{m-1} {}_\nu (1 - x^{2^\nu}) \cdot \mathfrak{P}(x^{2^m}),$$

also für $|x| < 1$:

$$|\mathfrak{P}(x)| < 2^m \cdot |\mathfrak{P}(x^{2^m})|.$$

Der zweite Faktor der rechten Seite und somit $\mathfrak{F}(x)$ selbst nimmt dann wiederum beliebig kleine Werte an in der Nähe von $x^{2^m} = 1$, d. h. in der Nähe der 2^m Stellen, welche Wurzeln dieser Gleichung sind. Und da es freisteht, der Zahl m jeden beliebig großen Wert beizulegen, so folgt, daß die Stellen der gedachten Art auf dem Einheitskreise überall dicht liegen, woraus die Richtigkeit der oben ausgesprochenen Behauptung unmittelbar hervorgeht.

Will man $\mathfrak{F}(x)$ für $|x| < 1$ nach Potenzen von x ordnen, so hat man nur zu beachten, daß jede ganze Zahl auf eine und nur auf eine Weise als Summe von Potenzen 2^ν ($\nu = 0, 1, 2, \ldots$) darstellbar ist und daß demnach bei Ausführung der durch das Produkt (17) geforderten Multiplikation jede ganzzahlige Potenz x^λ ($\lambda = 0, 1, 2, \ldots$) einmal und nur einmal mit dem Koeffizienten $+1$ oder -1 zum Vorschein kommt, nämlich:

$$\mathfrak{F}(x) = \sum_0^\infty{}^\lambda \varepsilon_\lambda x^\lambda, \tag{18}$$

wo $\varepsilon_0 = +1$ und im übrigen $\varepsilon_\lambda = +1$ oder -1, je nachdem λ aus einer geraden oder ungeraden Anzahl von Potenzen 2^ν ($\nu = 0, 1, 2, \ldots$) besteht; anders ausgedrückt, je nachdem die Zahl λ dyadisch geschrieben eine gerade oder ungerade Anzahl von Ziffern 1 enthält (ihre Quersumme also gerade oder ungerade ist). Da:

$$\mathfrak{F}(x) = (1 - x)\,\mathfrak{F}(x^2) = (1 - x) \sum_0^\infty{}^\lambda \varepsilon_\lambda x^{2\lambda},$$

so läßt sich die Reihe (18) auch in die Form setzen:

$$\mathfrak{F}(x) = \sum_0^\infty{}^\lambda \varepsilon_\lambda (x^{2\lambda} - x^{2\lambda+1}), \tag{18a}$$

welche zeigt, daß jedes Glied mit ungeradem Exponenten das entgegengesetzte Vorzeichen hat, wie das vorangehende mit geradem, möglicherweise das gleiche mit dem nächstfolgenden. Will man sich über die Verteilung der Vorzeichen weiter orientieren, so hat man zunächst:

$$\mathfrak{F}(x) = (1 - x)\,(1 - x^2) \cdot \mathfrak{F}(x^4)$$

$$= \sum_0^\infty{}^\lambda \varepsilon_\lambda (x^{4\lambda} - x^{4\lambda+1} - x^{4\lambda+2} + x^{4\lambda+3}) \quad \text{u. s. f.} \tag{18b}$$

Die vorliegende nach Herleitung und Bildungsgesetz von den sonst bekannten Typen nicht fortsetzbarer Potenzreihen völlig abweichende Reihe dürfte wohl als bemerkenswert einfaches Beispiel dieser Gattung gelten.

§ 2.

1. Es sei wiederum eine Partialbruchreihe von der Form gegeben:

$$(1) \qquad S(x) = \sum_{0}^{\infty} {}^{\nu} \frac{c_\nu}{x - a_\nu},$$

wo $\sum |c_\nu|$ als konvergent vorausgesetzt wird, die a_ν jetzt durchweg auf der Außenseite eines Kreises $\mathfrak{K}$ liegen, während auf $\mathfrak{K}$ nur Häufungsstellen der a_ν gelegen sind.

Ist a' eine solche Häufungsstelle, so läßt sich zwar zeigen, daß sie (nicht nur für die auf der Außenseite, sondern auch, (worauf es uns hier im wesentlichen nur ankommt) für die im Innern von $\mathfrak{K}$ durch $S(x)$ definierte analytische Funktion eine singuläre Stelle sein muß, falls bezüglich der Verteilung sonstiger Häufungsstellen der a_ν sehr spezielle Bedingungen erfüllt sind. Während aber bei den in Nr. 1 des vorigen Paragraphen behandelten Fällen, wo a' der Menge $\{a_\nu\}$ angehören mußte, jede solche Stelle a' ohne irgendwelche Einschränkung durch die Beziehung $\lim\limits_{x \to a'} |S(x)| = +\infty$ (bei radialer Annäherung) auch für die Innenfunktion als singuläre ein für allemal unzweideutig gekennzeichnet war, so erscheint hier ihr etwaiger singulärer Charakter (selbst wenn er sich anderweitig nachweisen läßt) häufig bis zur Unkenntlichkeit verschleiert, zumal, wie sich leicht zeigen läßt[1]), bei geeigneter Wahl der c_ν nicht nur die Reihe $S(x)$, sondern auch ihre sämtlichen Derivierten noch auf $\mathfrak{K}$ absolut und gleichmäßig konvergieren.

In dem einfachsten Falle, daß die auf $\mathfrak{K}$ gelegene Häufungsstelle a' der Menge $\{a_\nu\}$ als solche isoliert auftritt, daß also in einer gewissen Umgebung von a' keine weitere Häufungsstelle der a_ν sich befindet, läßt sich der singuläre Charakter von a' für die Innenfunktion durch dieselbe indirekte Schlußweise feststellen, welche auf S. 147 Abs. 1 in dem ähnlich ge-

---

1) Vgl. Math. Annalen 42 [1893], S. 173.

staltteten Falle angewendet wurde, der sich von dem vorliegenden nur insofern unterschied, daß die dort mit a_0 bezeichnete Häufungsstelle der Menge $\{a_\nu\}$ angehörte. Diese, wie bemerkt, indirekte Schlußweise gibt aber nicht den geringsten Anhaltspunkt zur Beurteilung der besonderen Natur jener Singularität, und das folgende Beispiel, eine einfache Modifikation eines bei früherer Gelegenheit für andere Zwecke von mir konstruierten,[1]) mag zeigen, daß in diesem Zusammenhange recht merkwürdige Erscheinungen eintreten können.

Wir setzen in (1):

$$a_\nu = 1 + \varepsilon_\nu, \quad \text{wo: } \varepsilon_\nu > 0, \quad \lim_{\nu \to \infty} \varepsilon_\nu = 0,$$

und ersetzen c_ν durch $(-\varepsilon_\nu c_\nu)$, so daß die auf diese Weise sich ergebende Reihe:

$$S(x) = \sum_0^\infty{}^{\nu} \frac{\varepsilon_\nu c_\nu}{1 + \varepsilon_\nu - x}$$

auf dem Einheitskreise $\mathfrak{K}$ die (einzige) singuläre Stelle 1 (als einzige Häufungsstelle der $a_\nu = 1 + \varepsilon_\nu$) besitzt.

Um zu erzielen, daß $S(x)$ mit sämtlichen Derivierten noch auf dem Einheitskreise konvergiert, spezialisieren wir:

$$\varepsilon_\nu = \frac{1}{2^\nu}, \quad c_\nu = \frac{(-1)^\nu}{\nu!},$$

so daß sich ergibt:

$$S(x) = \sum_0^\infty{}^{\nu} (-1)^\nu \cdot \frac{1}{\nu!} \cdot \frac{1}{1 - 2^\nu (x - 1)},$$

also durch die λ-fache Differentiation:

$$S^{(\lambda)}(x) = \lambda! \sum_0^\infty{}^{\nu} (-1)^\nu \cdot \frac{1}{\nu!} \cdot \frac{2^{\lambda\nu}}{(1 - 2^\nu (x - 1))^{\lambda+1}}$$

und für $x = 1$:

$$S(1) = e^{-1}, \quad S^{(\lambda)}(1) = \lambda!\, e^{-2^\lambda}.$$

Hieraus folgt, daß die für $x = 1$ von dem Ausdruck $S(x)$ erzeugte Taylorsche Reihe, nämlich:

---

[1]) S. die Fußnote, S. 155.

$$S(1)+\sum_{1}^{\infty}{}^{\lambda}\,\frac{1}{\lambda!}S^{(\lambda)}(1)\,(x-1)^{\lambda}\equiv\sum_{0}^{\infty}{}^{\lambda}\,e^{-2^{\lambda}}(x-1)^{\lambda}$$

(sogar beständig) konvergiert. Es trifft also hier alles zusammen, um der Stelle $x = 1$ nahezu das Aussehen einer Stelle regulären Verhaltens von $S(x)$ zu geben, und ihr singulärer Charakter läßt sich nur daraus erschließen, daß die Annahme, jene konvergente Taylorsche Reihe könne, wie sonst, die analytische Fortsetzung der Innenfunktion von $S(x)$ darstellen, infolge der besonderen Verteilung der $a_\nu \equiv 1 + \frac{1}{2^\nu}$ auf einen Widerspruch stößt. Diese Schlußweise würde aber vollständig versagen, wenn z. B. die a_ν im Innern eines den Einheitskreis $\mathfrak{K}$ im Punkte 1 berührenden Kreises $\mathfrak{K}'$ und ihre Häufungsstellen auf $\mathfrak{K}'$ überall dicht lägen, da in diesem Falle zwischen den Innenfunktionen von $S(x)$ in $\mathfrak{K}$ und $\mathfrak{K}'$ (deren letztere den Kreis $\mathfrak{K}'$ zur natürlichen Grenze hat) kein analytischer Zusammenhang besteht und somit die Existenz einer analytischen Fortsetzung von $S(x)$ aus dem Inneren von $\mathfrak{K}$ in das Innere von $\mathfrak{K}'$ möglich erscheint.

Dieselbe Schwierigkeit, die sich bei dem vorigen Beispiel schon ergab, wo die kritische Stelle a' ganz vereinzelt auf dem Kreise $\mathfrak{K}$ lag, tritt allemal ein, wenn a' Innenpunkt eines Bogens von $\mathfrak{K}$ ist, auf dem die Häufungsstellen der a_ν überall dicht liegen, und das gleiche gilt für alle Stellen von $\mathfrak{K}$, wenn jene auf dem ganzen Kreise überall dicht liegen. Zwar läßt sich in einigen besonderen Fällen erweisen (vgl. S. 146, Fußnote 1, 2), daß die Innenfunktion $f(x)$ dann den Kreis $\mathfrak{K}$ zur singulären Linie hat, aber die sonst üblichen Mittel der Funktionentheorie reichten nicht einmal aus, um allgemein festzustellen, daß $\mathfrak{K}$ der wahre Konvergenzkreis für die Taylorsche Entwickelung von $f(x)$ sein muß, daß mit anderen Worten $f(x)$ dort mindestens eine singuläre Stelle besitzt. Durch die oben erwähnte Mitteilung des Herrn Wolff (s. S. 146, Fußnote 4) wurde endgültig das Vorkommen des Gegenteils erwiesen und zwar nicht nur als eine Art Ausnahmeerscheinung, sondern bei einer umfangreichen, nach Belieben zu vermehrenden Klasse von Partialbruchreihen. Gerade dieser letztere Punkt dürfte in der folgenden Darstellung noch prägnanter zum Ausdruck kommen, die sich im übrigen von derjenigen des Herrn Wolff durch den Gebrauch wesentlich elementarerer Hilfsmittel unterscheidet.

2. Ist $\varphi(x)$ eindeutig definiert und stetig längs des Kreises $|x| = r$ und bildet man das arithmetische Mittel:[1])

$$(2) \qquad \mathfrak{M}_n \varphi(\mathfrak{e}\, r) = \frac{1}{2^n} \sum_{0}^{2^n-1} {}^{\lambda}\, \varphi(e_n^{\lambda}\, r), \qquad \text{wo: } e_n = e^{\frac{2\pi i}{2^n}},$$

so besitzt dasselbe für $n \to \infty$ einen bestimmten (endlichen) Grenzwert:

$$(3) \qquad \mathfrak{M}\, \varphi(\mathfrak{e}\, r) = \lim_{n\to\infty} \mathfrak{M}_n\, \varphi(\mathfrak{e}\, r),$$

den wir schlechthin als den Mittelwert von $\varphi(x)$ auf dem Kreise $|x| = r$ bezeichnen.[2])

Ist sodann $f(x)$ regulär zum mindesten für $0 \leqq |x| \leqq r$,[3]) etwa:

$$f(x) = \sum_{0}^{\infty} {}^{\nu}\, a_\nu x^\nu,$$

so findet man mittelst einer ganz elementaren Rechnung:

$$a_\nu = \mathfrak{M}\, [(\mathfrak{e}\, r)^{-\nu} f(\mathfrak{e}\, r)]^{4)}$$

und hieraus durch Einsetzen in die Potenzreihe und Vertauschung der Folge von Summation und Mittelwertbildung, für jedes x des Bereiches $0 \leqq x < r$:

$$(4) \qquad f(x) = \mathfrak{M}\, \frac{\mathfrak{e}\, r \cdot f(\mathfrak{e}\, r)}{\mathfrak{e}\, r - x} = \lim_{n\to\infty} \frac{1}{2^n} \sum_{0}^{2^n-1} {}^{\lambda}\, \frac{e_n^{\lambda}\, r \cdot f(e_n^{\lambda}\, r)}{e_n^{\lambda}\, r - x} \;{}^{5)}$$

Der Inhalt dieser Beziehung läßt sich auch dahin aussprechen, daß für jedes einzelne x des Bereiches $|x| < r$ der Wert des Ausdrucks:

---

[1]) Ich bezeichne mit $\mathfrak{e}$ eine komplexe Veränderliche von der Form $e^{\vartheta i}$, wo $0 \leqq \vartheta < 2\pi$, also geometrisch gesprochen jeden beliebigen Punkt des Einheitskreises.

[2]) Vgl. dieser Berichte Bd. 25 [1895], S. 80; ausführlicher meine „Vorlesungen über Funktionentheorie“, Abt. I [1925], S. 272, Gl. (13).

[3]) Für die Grenze $|x| = r$ würde statt des regulären Verhaltens von $f(x)$ schon die gleichmäßige Konvergenz der betreffenden Potenzreihe genügen.

[4]) Vorlesungen, S. 279, Gl. (4).

[5]) Desgl. S. 281, Gl. (13a).

(5) $$\left| f(x) - \mathfrak{M}_n \frac{er \cdot f(er)}{er - x} \right|$$

durch passende Wahl von n beliebig klein gemacht werden kann. Um diese Aussage noch zu verschärfen, nehmen wir $r' < r$ an und schränken x auf den Bereich $|x| \leq r'$ ein. Für alle x dieses Bereiches gilt dann die Beziehung $|er - x| \geq r - r'$ und es bleibt daher für alle diese x $\frac{er \cdot f(er)}{er - x}$ längs des Kreises $|x| = r$ gleichmäßig stetig. Infolgedessen konvergiert $\mathfrak{M}_n \frac{er \cdot f(er)}{er - x}$ für alle diese x gleichmäßig[1]) gegen den Grenzwert $\mathfrak{M} \frac{er \cdot f(er)}{er - x}$, d. h. durch Bestimmung einer von der Wahl des x unabhängigen unteren Schranke n' für n wird

$$\left| \mathfrak{M} \frac{er \cdot f(er)}{er - x} - \mathfrak{M}_n \frac{er \cdot f(er)}{er - x} \right|,$$

also schließlich, mit Benützung von Gl. (4), der Wert des Ausdrucks (5) beliebig klein für $n \geq n'$. Wir wollen den Inhalt dieses Ergebnisses in den folgenden Satz zusammenfassen:

Eine für $|x| \leq r$ reguläre Funktion $f(x)$ läßt sich für alle x des Bereiches $|x| \leq r' < r$ durch die rationale Funktion:

$$\mathfrak{M}_n \frac{er \cdot f(er)}{er - x}$$

gleichmässig approximieren, d. h. bei beliebig vorgeschriebenem $\varepsilon > 0$ und passenden Wahl einer unteren Schranke n' für n hat man für **alle** x des Bereiches $|x| \leq r'$:

(6) $$\left| f(x) - \mathfrak{M}_n \frac{er \cdot f(er)}{er - x} \right| < \varepsilon \text{ für } n \geq n'.$$

3. Die soeben abgeleitete Ungleichung bildet die Grundlage für den Beweis des folgenden merkwürdigen Satzes:

Ist $f(x)$ eine beliebig vorgelegte für $|x| < R$ reguläre Funktion, so lassen sich nach beliebiger

1) Vorlesungen, S. 271/2, Ungl. (8)—(12).

Vorgabe eines positiven $\varrho < R$ Partialbruchreihen $S(x)$ herstellen, welche für $|x| \leqq \varrho$ die Funktion $f(x)$ darstellen, dagegen für $x > \varrho$ eine davon verschiedene eindeutige analytische Funktion mit unendlich vielen dem Kreisringe $\varrho < |x| < R$ angehörigen Polen, deren Häufungsstellen auf dem Kreise $|x| = \varrho$ überall dicht liegen. Nur für die letztgenannte Funktion bildet dieser eine singuläre Linie, während die in seinem Innern durch $S(x)$ dargestellte Funktion $f(x)$ daselbst ausnahmslos regulär bleibt.

Beweis. Es bedeute r_0 eine beliebige zwischen ϱ und R gelegene Zahl und zwar werde gesetzt:

$$r_0 = \varrho + \delta_0, \quad \text{wo also: } \varrho + \delta_0 < R.$$

Sodann werde eine unendliche Folge (δ_ν) positiver beständig abnehmend gegen Null konvergierender Zahlen angenommen:

$$\delta_0 > \delta_1 > \cdots > \delta_\nu > \cdots, \quad \lim_{\nu \to \infty} \delta_\nu = 0,$$

und es werde gesetzt analog wie für $\nu = 0$ auch für $\nu = 1, 2, 3, \ldots$

$$r_\nu = \varrho + \delta_\nu,$$

so daß also die r_ν beständig abnehmend mit $\nu \to \infty$ gegen ϱ konvergieren.

Ferner sei (ε_ν) eine unendliche Folge positiver Zahlen von der Beschaffenheit, daß die Reihe $\sum_1^\infty \frac{\varepsilon_\nu}{\delta_\nu}$ konvergiert.

Nun läßt sich zunächst $f(x)$ nach dem Muster von Ungl. (6) durch ein auf den Kreis $|x| = r_0$ erstrecktes arithmetisches Mittel bis auf einen Fehler, der kleiner als ε_1, approximieren und zwar gleichmäßig für alle x des Bereiches $|x| \leqq r_1$. Wir drücken das in der Weise aus, daß wir setzen:

$$(7) \quad f(x) - \mathfrak{M}_{n_0} \frac{e r_0 \cdot f(e r_0)}{e r_0 - x} = f_1(x), \quad \text{wo: } |f_1(x)| < \varepsilon_1 \text{ für } |x| \leqq r_1.$$

In analoger Weise verfahren wir mit $f_1(x)$ und setzen demgemäß:

$$f_1(x) - \mathfrak{M}_{n_1} \frac{e r_1 \cdot f_1(e r_1)}{e r_1 - x} = f_2(x), \quad \text{wo: } |f_2(x)| < \varepsilon_2 \text{ für } |x| \leqq r_2,$$

sodann, in dieser Weise weiter fortfahrend, allgemein:

$$(8)\qquad f_\nu(x) - \mathfrak{M}_{n_\nu} \frac{e\, r_\nu \cdot f_\nu(e\, r_\nu)}{e\, r_\nu - x} = f_{\nu+1}(x),$$

$$\text{wo: } |f_{\nu+1}(x)| < \varepsilon_{\nu+1} \text{ für } |x| \leqq r_{\nu+1}.$$

Dabei steht es frei, jedesmal $n_\nu > n_{\nu-1}$ $(\nu = 1, 2, 3, \ldots)$ zu wählen, so daß also $\lim\limits_{\nu\to\infty} n_\nu = \infty$ wird. Nimmt man eine natürliche Zahl p beliebig groß an, setzt in der letzten Gleichung der Reihe nach $\nu = 1, 2, \ldots p$ und addiert die resultierenden Gleichungen zu der Anfangsgleichung (7), so ergibt sich, wenn wir der Symmetrie halber $f_0(e\, r_0)$ statt $f(e\, r_0)$ schreiben:

$$(9)\qquad f(x) - \sum_0^p{}^\nu\, \mathfrak{M}_{n_\nu} \frac{e\, r_\nu \cdot f_\nu(e\, r_\nu)}{e\, r_\nu - x} = f_{p+1}(x),$$

$$\text{wo: } |f_{p+1}(x)| < \varepsilon_{p+1} \text{ für } |x| \leqq r_{p+1},$$

und hieraus für $p \to \infty$, wegen $\lim\limits_{p\to\infty} \varepsilon_{p+1} = 0$ und $r_{p+1} < \varrho$ für jedes p:

$$(10)\qquad f(x) = \sum_0^\infty{}^\nu\, \mathfrak{M}_{n_\nu} \frac{e\, r_\nu \cdot f_\nu(e\, r_\nu)}{e\, r_\nu - x} \quad \text{für } |x| \leqq \varrho.$$

Diese Reihe konvergiert in dem Bereiche $x \leqq \varrho$ gleichmäßig zunächst in der vorgeschriebenen Anordnung, wenn man die einzelnen arithmetischen Mittel (also rationalen Funktionen) als Reihenglieder auffaßt. Wir zeigen, daß sie für $|x| \leqq \varrho$ noch (gleichmäßig) konvergent bleibt, wenn man die einzelnen Summanden dieses arithmetischen Mittel (also Partialbrüche) durch ihre Absolutwerte ersetzt. Man hat nämlich:

$$\mathfrak{M}_{n_\nu} \frac{e\, r_\nu \cdot f_\nu(e\, r_\nu)}{e\, r_\nu - x} = \frac{1}{2^{n_\nu}} \sum_0^{2^{n_\nu}-1}{}^\lambda \frac{e_{n_\nu}^\lambda r_\nu \cdot f_\nu(e_{n_\nu}^\lambda r_\nu)}{e_{n_\nu}^\lambda r - x}$$

und sodann mit Benützung der für $|x| \leqq r_\nu$, also um so mehr für $|x| \leqq \varrho$ geltenden Ungleichung $|f_\nu(x)| < \varepsilon_\nu$:

$$(11)\qquad \frac{1}{2^{n_\nu}} \sum_0^{2^{n_\nu}-1}{}^\lambda \left| \frac{e_{n_\nu}^\lambda r_\nu \cdot f_\nu(e_{n_\nu}^\lambda r_\nu)}{e_{n_\nu}^\lambda r_\nu - x} \right| < \frac{1}{2^{n_\nu}} \cdot \frac{2^{n_\nu} r_0\, \varepsilon_\nu}{r_\nu - |x|} \leqq r_0 \frac{\varepsilon_\nu}{\delta_\nu},$$

woraus die absolute (sogar maximale und daher gleichmäßige) Konvergenz der fraglichen Partialbruch-Reihe (10) für $|x| \leqq \varrho$ hervorgeht.

Für den Bereich $|x| > \varrho$ fällt die betreffende Reihe vollständig unter den Typus der bisher bei vorausgesetzter Konvergenz von $\sum |c_\nu|$ als $\sum \frac{c_\nu}{x - a_\nu}$ bezeichneten, da die erforderliche absolute Konvergenz der Zähler schon durch diejenige der (mit $\sum \frac{\varepsilon_\nu}{\delta_\nu}$ a fortiori konvergierenden) Reihe $\sum \varepsilon_\nu$ gesichert ist (vgl. den ersten Teil von Ungl. (11)). Sie stellt also in dem Bereiche $|x| > \varrho$ eine von $f(x)$ verschiedene, mit den Polen $e^\lambda_{n_\nu} r_\nu$ $(\lambda = 0, 1, \ldots 2^{n_\nu} - 1)$ behaftete, eindeutige analytische Funktion dar, die den Kreis $|x| = \varrho$ zur natürlichen Grenze hat.

4. Die Reihe (10), welche erkennen läßt, daß es eine umfangreiche Kategorie von Fällen gibt, in denen eine geschlossene Kurve nur auf einer Seite die Wirkung einer singulären Linie ausübt, kann auch dazu dienen, die analoge Erscheinung bei offenen Kurven herzustellen. Man braucht sie zu diesem Behufe nur in zwei Teilreihen zu zerlegen, deren jede nur die an einem Halbkreise sich häufenden Stellen $e^\lambda_{n_\nu} r_\nu$ enthält. Führen wir die Bezeichnungen ein:

(12)
$$\mathfrak{M}^{(1)}_n \varphi(e r) = \frac{1}{2^n} \sum_0^{2^{n-1}-1}{}^{\lambda} \varphi(e^\lambda_n r), \quad \mathfrak{M}^{(2)}_n \varphi(e r) = \frac{1}{2^n} \sum_{2^{n-1}}^{2^n - 1}{}^{\lambda} \varphi(e^\lambda_n r),$$

so erstreckt sich bei dem ersten Ausdruck die Summation nur über die obere, bei dem zweiten über die untere Hälfte des Kreises $|x| = r$.

Nun werde gesetzt:

$$(13)\quad S_1(x) = \sum_0^\infty{}^{\nu} \mathfrak{M}^{(1)}_{n_\nu} \frac{e r_\nu \cdot f_\nu(e r_\nu)}{e r_\nu - x}, \quad S_2(x) = \sum_0^\infty{}^{\nu} \mathfrak{M}^{(2)}_{n_\nu} \frac{e r_\nu \cdot f_\nu(e r_\nu)}{e r_\nu - x},$$

so daß also:

$$(14)\qquad f(x) = S_1(x) + S_2(x) \quad \text{für } |x| \leqq \varrho.$$

Die Reihe $S_1(x)$ ist maximal konvergent in jedem abgeschlossenen Bereiche, der frei ist von den (auf den oberen Hälften der Kreise $|x| = r_\nu$ liegenden) Stellen $e^\lambda_{n_\nu} r_\nu$ $(\lambda = 0, 1, \ldots 2^{n_\nu - 1} - 1;\ \nu = 0, 1, 2, \ldots)$, überdies noch auf deren Häufungslinie, dem oberen Halbkreise $|x| = \varrho$. Sie verhält sich also regulär in der ganzen x-Ebene mit Ausnahme der genannten Stellen, die sie zu Polen hat, und ihrer Häufungslinie. Auf der letzteren besitzt sie indessen noch eindeutig bestimmte, sogar stetig sich ändernde Werte, so daß also diese Linie noch zum Existenzbereiche von $S_1(x)$ bzw. der durch $S_1(x)$ definierten analytischen Funktion gehört.[1]) Da man nach Weierstraß auch etwaige Pole zum Existenzbereiche einer analytischen Funktion zu rechnen pflegt, so muß man sagen, daß der Existenzbereich von $S_1(x)$ als analytische Funktion (geradeso wie bei dem Ausdruck einer rationalen Funktion) die gesamte x-Ebene umfaßt.

Der obere Halbkreis $|x| = \varrho$ besitzt dabei in der Richtung von oben nach unten den Charakter einer singulären Linie. Anders verhält er sich in der entgegengesetzten Richtung. Man hat nämlich nach Gl. (14):

$$S_1(x) = f(x) - S_2(x) \quad \text{für } |x| \leq \varrho. \tag{15}$$

Da aber $f(x)$ auf dem ganzen Kreise $|x| = \varrho$, andererseits $S_2(x)$ auf dem oberen Halbkreise sich regulär verhält, so liefert $f(x) - S_2(x)$ die analytische Fortsetzung von $S_1(x)$ aus dem Innengebiet des Kreises $|x| = \varrho$ über jenen oberen Halbkreis hinaus, deren weiterer Verlauf dann wesentlich von der Natur der (s. den Anfang des Satzes von Nr. 3) lediglich für $|x| < \mathfrak{R}$ als regulär vorausgesetzten Funktion $f(x)$ abhängt.

Nehmen wir z. B. an, daß $f(x)$ eine in der ganzen Ebene eindeutige analytische Funktion sei, so dehnt sich jene analytische Fortsetzung eindeutig über das Gebiet $|x| > \varrho$ aus und findet an der Außenseite des unteren Halbkreises $|x| = \varrho$ (als der Häufungslinie der Pole von $S_2(x)$) ihr definitives Ende. Es entsteht also auf diese Weise eine zweiwertige analytische Funktion, deren Typus von demjenigen der gewöhnlichen mehrwertigen Funktionen völlig verschieden ist. Während bei diesen (z. B. $\sqrt[n]{(x-a)(x-b)}$, $[\mathrm{Lg}(x-a)(x-b)]^{-1}$) die sonst verschiedenen Werte nur in einzelnen Punkten zusammenfallen, findet hier, wie Gl. (15) zeigt, ein derartiges Zusammenfallen für das ganze Kreisgebiet $|x| \leq \varrho$ statt.

[1]) Geradeso, wie z. B. Konvergenzkreis einer daselbst noch konvergierenden, aber darüber hinaus nicht fortsetzbaren Potenzreihe.

Es bedarf kaum der Bemerkung, daß sich entsprechende Verallgemeinerungen ergeben, wenn man als $f(x)$ einen für $|x| < \Re$ regulären Zweig einer mehr- bzw. unendlich vieldeutigen analytischen Funktion wählt. Ohne hierauf weiter einzugehen, wollen wir als Hauptergebnis der vorstehenden Betrachtung den folgenden Satz formulieren:

> Ein analytischer Ausdruck, welcher eine eindeutige analytische Funktion mit einem die ganze Ebene umfassenden Existenzbereiche darstellt, braucht diese keineswegs **vollständig** darzustellen. Es gibt z. B. Partialbruchreihen, welche die erstgenannte Eigenschaft besitzen und dennoch eine analytische Fortsetzung zulassen, so daß die ursprünglich dargestellte Funktion lediglich als ein eindeutiger Bestandteil einer beliebig vieldeutigen analytischen Funktion erscheint.

Über die allgemeinste räumliche Anordnung gerader Linien zu scheinbaren Dreiecksnetzen.

Von **Robert Sauer** in München.

Vorgelegt von S. Finsterwalder in der Sitzung am 15. Juni 1927.

Man denke sich auf einem Zylindroid $2n$ Erzeugende, welche jeweils den Winkel $\frac{\pi}{2n}$ miteinander einschließen und unter denen die beiden Torsallinien des Zylindroids enthalten sind, durch dünne Stäbchen dargestellt. Die $2n$ Ebenen durch die $2n$ Stäbchen und die Doppellinie des Zylindroids bestimmen $2n$ unendlich ferne Geraden. Bei jeder Projektion, deren Zentrum irgend ein Punkt einer dieser unendlich fernen Geraden ist, zeigt der Parallelriss des Stabmodells auf irgend einer Bildtafel folgende merkwürdige Konfiguration:

> Die $2n$ Bildgeraden schneiden sich im allgemeinen zu je dreien und bilden dadurch ein Dreiecksnetz, bei dem in jedem Knotenpunkt im allgemeinen 6 Dreiecke zusammentreffen. Das gesamte Netz wird umhüllt von einer Steinerschen Kurve (dreispitzige Hypozykloide) oder einer dazu affinen Kurve (vgl. Figur 1).

Diese Beobachtungen bildeten den Anlass, das Problem der „Dreiecksnetze", auf welches S. Finsterwalder[1]) schon vor längerer Zeit hingewiesen hatte, allgemein zu untersuchen.[2]) Es zeigte sich, daß die Tangenten jeder beliebigen ebenen Kurve 3. Klasse zu

[1]) S. Finsterwalder, „Mechanische Beziehungen bei der Flächendeformation", Jahresbericht der Mathematikervereinigung 6, 1899, p. 52 und 71.

[2]) H. Graf und R. Sauer, „Über dreifache Geradensysteme in der Ebene, welche Dreiecksnetze bilden". Sitzungsberichte der bayer. Akad. d. Wiss., 1924, p. 119 usw. R. Sauer, „Die Raumeinteilungen, welche durch Ebenen erzeugt werden, von denen je vier sich in einem Punkt schneiden", Sitzungsberichte der bayer. Akad. d. Wiss., 1925, p. 41 usw.

einem Dreiecksnetz angeordnet werden können und daß man auf diese Weise zu den allgemeinsten von geraden Linien gebildeten Dreiecksnetzen gelangt.

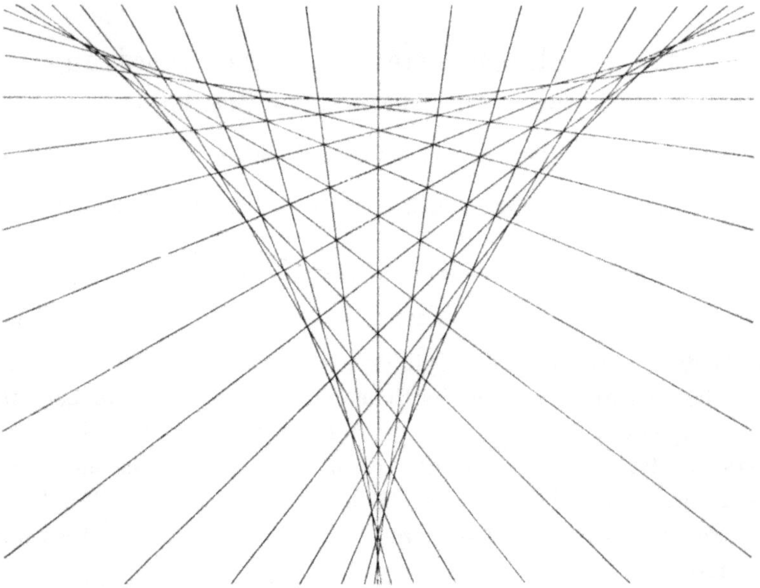

Figur 1

Einer Anregung des Herrn Geheimrates S. Finsterwalder folgend, untersuche ich in der vorliegenden Arbeit die allgemeinsten räumlichen Geradenanordnungen, welche ebenso wie die Erzeugenden des Zylindroids die Eigenschaft haben, beständig als Dreiecksnetz zu erscheinen, wenn das Projektionszentrum O längs einer vorgegebenen Geraden p sich bewegt. Die räumlichen Geradenanordnungen dieser Art werde ich als „scheinbare Dreiecksnetze hinsichtlich der Geraden p" bezeichnen.

§ 1.

Lineare Erzeugungsweise der scheinbaren Dreiecksnetze.

Wenn man irgend ein ebenes Dreiecksnetz von einem außerhalb der Netzebene gelegenen Zentrum O aus projiziert und in jeder der projizierenden Ebenen irgend eine nicht durch O gehende beliebige Gerade annimmt, so erhält man die allgemeinste Geradenanordnung, welche von einem Punkte aus als ebenes Dreiecksnetz erscheint. Da die sämtlichen Geraden eines ebenen Dreiecksnetzes eine Kurve 3. Klasse umhüllen, sind die von O ausgehenden projizierenden Ebenen Tangentialebenen eines Kegels 3. Klasse. Der geometrische Ort der Punkte, von denen aus gesehen drei windschiefe Gerade sich zu schneiden scheinen, ist die durch die drei windschiefen Geraden bestimmte Regelfläche 2. Grades.[1]) Daher ist die Forderung, daß die Geraden einer räumlichen Konfiguration von einem Punkte O aus als Dreiecksnetz erscheinen sollen, gleichbedeutend mit der Bedingung, daß das Projektionszentrum O allen jenen Regelflächen 2. Grades gemeinsam ist, welche durch je drei sich scheinbar schneidende windschiefe Gerade der Anordnung festgelegt sind.

Ich verlange jetzt weiter, daß die Geradenanordnung nicht nur aus O, sondern aus jedem Punkte einer durch O gelegten vorgegebenen Geraden p als Dreiecksnetz gesehen wird. Es müssen sich dann die Geraden zu Tripeln zusammenfassen lassen, welche mit der gegebenen Geraden p jedesmal einer Regelfläche 2. Grades als gleichartige Erzeugende angehören oder, wie ich kurz sagen will, mit p „hyperboloidisch“ liegen.

Geradenanordnungen dieser Art lassen sich durch folgende lineare Erzeugungsweise herstellen:

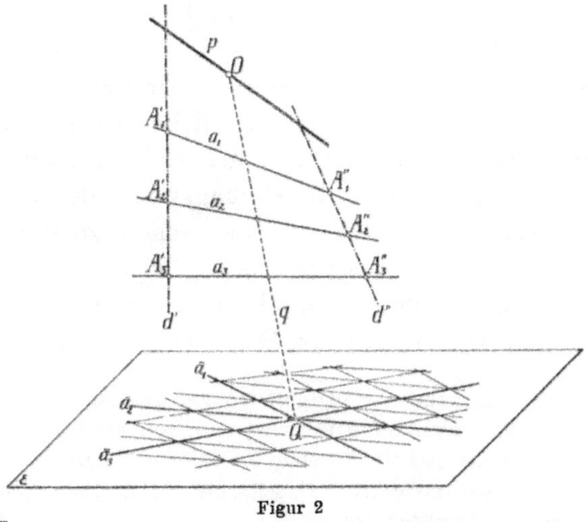

Figur 2

[1]) Bemerkung: Dem in O liegenden Auge erscheinen drei windschiefe Gerade nur dann als sich schneidend, wenn ihre drei Schnittpunkte

In der Ebene ε (Figur 2) liege ein beliebiges ebenes Dreiecksnetz gezeichnet vor. Von O aus wird dieses Dreiecksnetz durch eine Reihe von Ebenen projiziert. p ist eine vorgegebene durch O gehende Gerade, d' und d'' sind zwei zueinander windschiefe Gerade, welche die Gerade p schneiden ohne den Punkt O zu treffen, sonst aber beliebig sind.

Jede der projizierenden Ebenen α_i wird von den beiden Geraden d' und d'' in zwei Punkten A_i' und A_i'' geschnitten. Wenn man nun in jeder Ebene α_i die Verbindungslinie a_i der beiden Schnittpunkte A_i' und A_i'' zieht, so erhält man eine räumliche Geradenanordnung der verlangten Art.

Zum Beweise greifen wir irgend einen Knotenpunkt Q des in der Ebene ε vorliegenden Dreiecksnetzes heraus. In dem Strahl q schneiden sich drei projizierende Ebenen α_1, α_2, α_3. Jede der drei zugehörigen Geraden a_1, a_2, a_3 schneidet sowohl q als auch konstruktionsgemäß d' und d''. D. h. a_1, a_2, a_3 sind Erzeugende 1. Art, q, d', d'' Erzeugende 2. Art einer Regelfläche 2. Grades. Da nun aber die Gerade p ebenfalls alle drei Geraden q, d', d'' trifft, so ist p selbst eine Erzeugende 1. Art der nämlichen Regelfläche 2. Grades, liegt also mit a_1, a_2, a_3 hyperboloidisch. Da der Punkt Q, von dem wir ausgegangen sind, ein ganz beliebiger Knotenpunkt des Netzes war, so folgt, daß stets drei Gerade a_i, welche von O aus gesehen sich zu schneiden scheinen, diese Eigenschaft für jedes Projektionszentrum auf p beibehalten. Die Geraden a_i bilden also in der Tat ein scheinbares Dreiecksnetz hinsichtlich der Geraden p. Die angegebenen räumlichen Konstruktionen sind lediglich mit Hilfe des Lineals ausführbar. Das nämliche gilt für die als Grundlage dienende Erzeugungsweise der allgemeinsten ebenen Dreiecksnetze, welche in der schon zitierten früheren Arbeit[1]) ausführlich dargelegt wurde.

Ich werde nun zeigen, daß die nach der vorhergehenden Angabe konstruierten Geradenanordnungen die

---

auf einer von O ausgehenden Halbgeraden gelegen sind. Diese Beschränkung soll jedoch hier nicht eingeführt werden, sondern ich werde stets drei windschiefe Gerade als „scheinbar sich schneidend" bezeichnen, wenn sie eine durch das Projektionszentrum O gehende Vollgerade („Sehstrahl") in irgend welchen drei Punkten treffen.

[1]) H. Graf und R. Sauer, Sitzungsberichte der bayer. Akad. d. Wiss., 1924, p. 119 usw.

allgemeinsten hinsichtlich p scheinbaren Dreiecksnetze überhaupt sind.

Die allgemeinsten scheinbaren Dreiecksnetze hinsichtlich der Geraden p projizieren sich nach ihrer Definition aus irgend einem Punkte O auf der Geraden p als Dreiecksnetz, d. h. die von O ausgehenden projizierenden Ebenen schneiden eine beliebige nicht durch O gehende Ebene ε nach den Geraden eines ebenen Dreiecksnetzes. Dieses Dreiecksnetz und damit die in O sich schneidenden projizierenden Ebenen denken wir uns vorgegeben.

Der Sehstrahl von O nach irgend einem Knotenpunkt des in ε angenommenen ebenen Dreiecksnetzes wird stets von drei Geraden des noch unbekannten scheinbaren Dreiecksnetzes geschnitten und diese drei Geraden liegen zu der Geraden p hyperboloidisch. Dadurch ist jedem Sehstrahl von O nach den Knotenpunkten des ebenen Dreiecksnetzes eine Regelfläche 2. Grades zugeordnet. Alle diese Regelflächen 2. Grades haben die Gerade p als gemeinsame Erzeugende 1. Art. Um die Allgemeinheit der vorher auseinandergesetzten Erzeugungsweise festzustellen, muß lediglich gezeigt werden, daß alle erwähnten Regelflächen 2. Grades noch zwei Erzeugende d', d'' der 2. Art miteinander gemeinsam haben, daß sie also ein Bündel von Regelflächen 2. Grades bilden, dessen Grundkurve eine in drei gerade Linien p, d', d'' zerfallende Raumkurve 3. Ordnung ist.

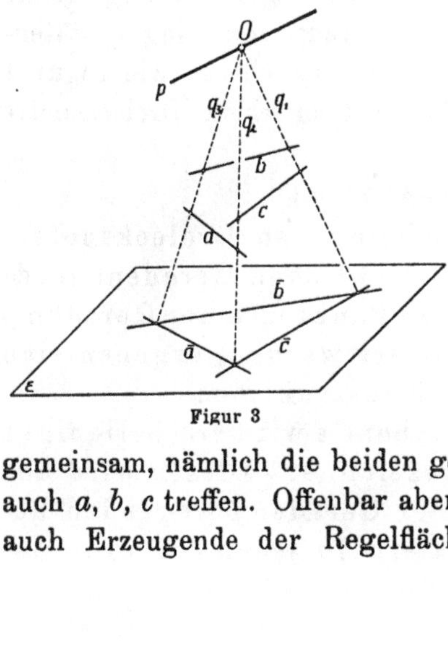

Figur 3

Es seien $\bar{a}$, $\bar{b}$, $\bar{c}$ drei Gerade des in ε liegenden ebenen Dreiecksnetzes, welche ein Maschendreieck bilden (vgl. Figur 3). Die zugehörigen Geraden des scheinbaren Dreiecksnetzes sind mit a, b, c bezeichnet. b, c, p und c, a, p bestimmen die beiden Regelflächen 2. Grades, welche den Sehstrahlen q_1, q_2 zugeordnet sind. Den beiden Regelflächen sind zwei Erzeugende 2. Art gemeinsam, nämlich die beiden geraden Linien, welche sowohl p als auch a, b, c treffen. Offenbar aber sind die nämlichen beiden Linien auch Erzeugende der Regelfläche 2. Grades, welche durch a, b

und p bestimmt ist und zu dem Sehstrahl q_3 gehört. Indem man von dem ersten Maschendreieck zu den benachbarten übergeht, folgt immer wieder durch den nämlichen Schluß, daß alle neu hinzutretenden Regelflächen 2. Grades nicht nur p, sondern noch zwei die Gerade p schneidende Linien d', d'' als gemeinsame Erzeugende besitzen müssen, w. z. bew. w.

Die beiden Geraden d', d'' können reell, imaginär oder zusammenfallend sein.

Wenn die Geraden d', d'' imaginär oder zusammenfallend sind, d. h. wenn sie eine elliptische oder parabolische lineare Kongruenz bestimmen, so ergeben sich die Strahlen der Geradenanordnung durch folgende lineare Konstruktionen:

Die Kongruenz, welche durch p und drei nicht hyperboloidisch liegende Gerade des scheinbaren Dreiecksnetzes vorgegeben ist, bestimmt in zwei etwa durch p gelegten beliebigen Ebenen eine kollineare Beziehung. Jede der projizierenden Ebenen α_i schneidet die beiden kollinear bezogenen Ebenen nach zwei Punktreihen, die im allgemeinen sich nicht kollinear entsprechen, sondern lediglich ein Paar zugeordneter Punkte besitzen. Die Verbindungslinie dieser beiden Punkte ist der in der betreffenden Ebene α_i liegende Strahl des scheinbaren Dreiecksnetzes.

Die Frage nach den allgemeinsten scheinbaren Dreiecksnetzen läuft im wesentlichen auf die Frage nach den allgemeinsten ebenen Dreiecksnetzen hinaus; in Figur 4 wird daher ein allgemeines ebenes Dreiecksnetz gezeigt, dessen Gerade eine singularitätenfreie Kurve 3. Klasse umhüllen. Figur 4 ist ebenso wie Figur 1 der schon wiederholt zitierten Arbeit über ebene Dreiecksnetze entnommen.

Zusammenfassung:

> Die allgemeinsten scheinbaren Dreiecksnetze, d. h. die allgemeinsten räumlichen Geradenanordnungen, welche aus allen Punkten einer Geraden p als Dreiecksnetze projiziert werden, ergeben sich durch folgende lineare Konstruktion:
>
> In einer beliebigen Ebene ε wird ein beliebiges ebenes Dreiecksnetz gezeichnet. Dieses wird aus einem außerhalb ε auf der Geraden p liegenden beliebigen Punkt O projiziert. In jeder der projizie-

renden Ebenen erhält man eine Gerade des scheinbaren Dreiecksnetzes, wenn man die beiden Punkte verbindet, in denen die projizierende Ebene von

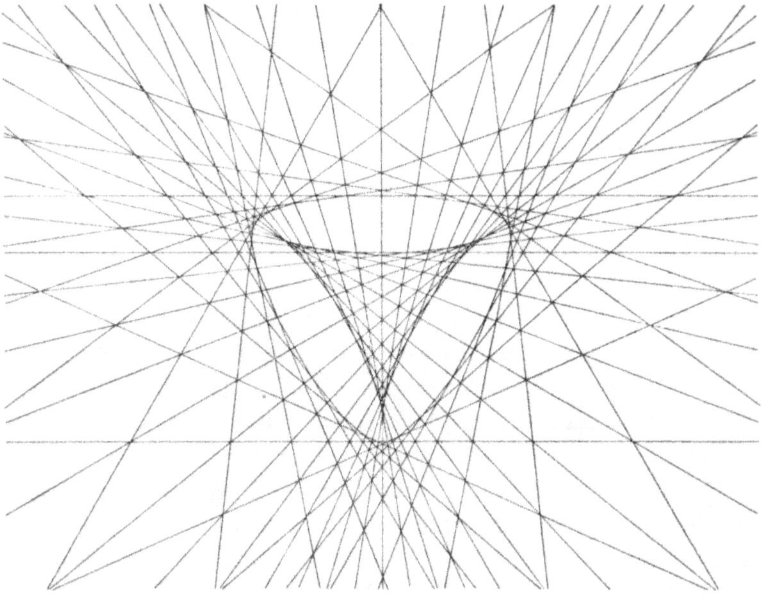

Figur 4

zwei festen windschiefen Geraden d', d'' geschnitten wird. d', d'' müssen p treffen, ohne O zu enthalten, und können im übrigen beliebig — reell, imaginär oder zusammenfallend — angenommen werden.

§ 2.

Zusammenhang mit der Theorie der Regelflächen 6. Grades.

Die scheinbaren Dreiecksnetze, deren lineare Erzeugung ich im vorigen Paragraphen besprochen habe, können durch Unterteilung des in ε angenommenen ebenen Dreiecksnetzes beliebig verfeinert werden.

Alle Geraden der Konfiguration liegen auf einer Regelfläche 6. Grades.

Um dies zu beweisen, hat man die Anzahl der Erzeugenden der Regelfläche festzustellen, welche eine beliebige Gerade g schneiden: Durch g und die beiden auf Seite 168 eingeführten Geraden d', d'' als Erzeugende 1. Art ist eine Regelfläche 2. Grades definiert. Alle Erzeugenden 2. Art dieser Regelfläche werden von O aus durch einen Kegel 2. Klasse projiziert. Die projizierenden Ebenen aus O nach den Geraden des in ε gezeichneten ebenen Dreiecksnetzes umhüllen nach Seite 167 einen Kegel 3. Klasse. Jede die vorgegebene Gerade g treffende Erzeugende der Regelfläche, die von den Geraden des scheinbaren Dreiecksnetzes gebildet wird, muß sowohl in einer Tangentialebene des Kegels 2. Klasse als auch in einer Tangentialebene des Kegels 3. Klasse liegen. Umgekehrt enthält jede gemeinsame Tangentialebene beider Kegel eine die vorgegebene Gerade g schneidende Erzeugende, nämlich die Verbindungslinie der beiden Schnittpunkte der gemeinsamen Tangentialebene mit den Geraden d', d''. Da nun die beiden Kegel 6 gemeinsame Tangentialebenen besitzen, folgt unmittelbar die Richtigkeit der Behauptung.

Die hier besprochenen Regelflächen 6. Grades sind keineswegs die allgemeinen Regelflächen 6. Grades.[1]) Sie haben die beiden Geraden d', d'' als dreifache Linien, in denen sich je drei Mäntel der Regelfläche durchsetzen. In jedem Punkt P der Geraden d' oder d'' schneiden sich nämlich drei Tangentialebenen des Kegels 3. Klasse und in jeder dieser drei Ebenen liegt eine von P ausgehende Erzeugende der Regelfläche 6. Grades.

Ebenso gehen durch jeden Punkt der Geraden p drei Tangentialebenen des Kegels 3. Klasse. Die zugehörigen Erzeugenden der Regelfläche 6. Grades fallen jedesmal mit p selbst zusammen, weil p die Geraden d' und d'' schneidet. Die Gerade p ist also selbst eine Erzeugende der Regelfläche 6. Grades und zwar eine dreifach zählende Erzeugende. In p durchsetzen sich ebenso wie in den Linien d' und d'', welche keine Erzeugenden der Regelfläche sind, je drei Mäntel der Regelfläche.

Ist umgekehrt eine Regelfläche 6. Grades mit einer dreifachen Erzeugenden p und zwei dreifachen Linien d', d'' vorgegeben, so wird aus jedem Punkt O der Geraden p die Regelfläche

---

[1]) V. Snyder, Amer. J. of math. 25 (1903), p. 59, 85, 261; 27 (1905), p. 77, 173.

nach Absonderung der drei Tangentialebenen von O durch einen Kegel 3. Klasse projiziert und die Erzeugenden der Regelfläche sind die Verbindungslinien der Punkte, in denen die Tangentialebenen des erwähnten Kegels 3. Klasse von den dreifachen Linien d', d'' geschnitten werden. Man kommt also unmittelbar zu der Erzeugungsweise des § 1 zurück und sieht daraus, daß die Erzeugenden jeder Regelfläche 6. Grades mit einer dreifach zählenden Erzeugenden p und zwei dreifachen Linien d' und d'' zu einem hinsichtlich p scheinbaren Dreiecksnetz angeordnet werden können.

Rückt das Projektionszentrum O in einen der beiden Schnittpunkte von p mit d' und d'' hinein, so artet das durch Projektion auf eine beliebige Ebene entstehende ebene Dreiecksnetz in ein dreifach zählendes Strahlenbüschel aus.

Zusammenfassung:

Die beliebig dicht aufeinander folgenden Geraden, welche von allen Punkten einer Geraden p aus als Dreiecksnetz projiziert werden, liegen auf einer Regelfläche 6. Grades, welche die Gerade p als dreifach zählende Erzeugende hat und außerdem zwei windschiefe Linien d', d'', welche die Gerade p schneiden, als dreifache Linien besitzt.

Umgekehrt lassen sich Erzeugende einer jeden Regelfläche 6. Grades, welche eine dreifache Erzeugende p und zwei dreifache Linien d', d'' besitzt, so anordnen, daß sie von jedem Punkte der Erzeugenden p aus als Dreiecksnetz erscheinen.

§ 3.

Spezialisierung für Regelflächen 4. Grades.

In der Erzeugungsweise des § 1 sind die beiden reellen oder imaginären Geraden d', d'' beliebig angenommen. Liegt nun etwa d' in einer Tangentialebene α' des projizierenden Kegels 3. Klasse, so gehört zu dieser Ebene α' nicht wie zu den übrigen projizierenden Ebenen eine Gerade der erzeugten Regelfläche, sondern das ganze Strahlenbüschel, dessen Scheitel der Schnittpunkt von

p mit d'' ist. Es ist hierbei gleichgültig, ob die Ebene α' eine beliebige Tangentialebene des Kegels 3. Klasse ist oder eine jener diskreten ausgezeichneten projizierenden Ebenen durch eine Netzgerade des in der Ebene ε vorgegebenen Dreiecksnetzes. Die Regelfläche 6. Grades zerfällt in ein Strahlenbüschel und in eine Regelfläche 5. Grades, welche d'' als dreifache Linie, d' als Doppellinie und p als zweifach zählende Erzeugende hat. Auf diese Regelflächen 5. Grades lassen sich unmittelbar die Ergebnisse des § 2 sinngemäß übertragen.

Wenn sowohl d' als auch d'' in einer Tangentialebene α' bezw. α'' des projizierenden Kegels 3. Klasse angenommen werden, so sondern sich von der Regelfläche 6. Grades zwei Strahlenbüschel ab, welche in den Ebenen α' bezw. α'' gelegen sind und als Scheitel die Schnittpunkte von p mit d'' bezw. d' haben. Die übrig bleibende Regelfläche 4. Grades[1]) hat d' und d'' als Doppellinien, während p nicht mehr eine ausgezeichnete, sondern eine einfache Erzeugende ist.

Es gilt auch hier wiederum die Umkehrung, nämlich der folgende Satz:

> Die Erzeugenden einer jeden Regelfläche 4. Grades mit 2 Doppellinien können so angeordnet werden, daß sie von allen Punkten einer beliebig vorgegebenen Erzeugenden der Regelfläche aus als Dreiecksnetz erscheinen.

Um die Richtigkeit dieser Behauptung einzusehen, hat man lediglich zu bedenken, daß von jedem Punkt der Regelfläche aus die Erzeugenden durch einen Kegel 3. Klasse projiziert werden. Man kann daher jede vorgegebene Regelfläche 4. Grades mit 2 Doppellinien durch die in § 1 auseinandergesetzte Erzeugungsweise entstanden denken, wobei für p noch eine beliebige Erzeugende der Regelfläche gewählt werden darf.

Da bei den Regelflächen 4. Grades die Erzeugende p auf der Fläche in keiner Weise ausgezeichnet ist, liegt die Vermutung nahe, daß die gewonnenen Ergebnisse noch eine Erweiterung zulassen, die bei den vorher behandelten Regelflächen 5. und 6. Grades nicht möglich war, weil dort p eine singuläre Erzeugende

[1]) R. Sturm, Liniengeometrie 1, p. 52—61;
K. Rohn, Math. Annalen 28 (1884) p. 284—308;
W. Dyck, Katalog math. und math.-phys. Modelle usw., 1892, p. 275.

ist. Um dies festzustellen, gebe ich zunächst eine **analytische Darstellung** der scheinbaren Dreiecksnetze, deren Geraden auf allgemeinen Regelflächen 4. Grades mit zwei Doppellinien liegen:

Die allgemeinen Regelflächen 4. Grades mit zwei Doppellinien sind vom Geschlecht 1.

A. Harnack[1]) hat gezeigt, daß bei Einführung elliptischer Funktionen die Parameterdarstellung so normiert werden kann, daß auf Grund des Abelschen Theorems für die Parameter t_i von vier hyperboloidisch liegenden Erzeugenden die notwendige und hinreichende Bedingung gilt

$$\sum_{i=1}^{i=4} t_i \equiv 0 \,(\mathrm{mod.}\ \omega, \omega').$$

ω, ω' sind die Perioden der Regelfläche, d. h. jedem Parameter t ist eine Erzeugende eindeutig zugeordnet, dagegen gehören zu jeder Erzeugenden unbegrenzt viele Parameterwerte

$$t = t_0 + m\omega + m'\omega' \quad (m,\ m' \text{ ganze Zahlen}).$$

In ganz analoger Weise, wie dies bei den ebenen Dreiecksnetzen der Fall ist, liegt in der Kongruenz $\sum_{i=1}^{i=4} t_i \equiv 0$ unmittelbar die gesuchte Anordnung der geraden Linien enthalten:

Wir denken uns vier hyperboloidisch liegende Erzeugende einer Regelfläche 4. Grades vom Geschlecht 1 vorgegeben. Zwischen ihren Parametern muß die Kongruenz erfüllt sein

$$a_0 + b_0 + c_0 + d_0 \equiv 0.$$

Durch den Ansatz

$$\begin{aligned} a_h &= a_0 + h\Delta\lambda, \\ b_i &= b_0 + i\Delta\lambda, \\ c_k &= c_0 + k\Delta\lambda, \\ d_l &= d_0 + l\Delta\lambda, \end{aligned}$$

wobei h, i, k, l die Reihe der ganzen positiven und negativen Zahlen durchlaufen sollen und $\Delta\lambda$ eine beliebige Konstante bedeutet, sind vier diskrete Folgen von Erzeugenden auf der gegebenen Regelfläche bestimmt.

---

[1]) A. Harnack, Math. Ann. 13 (1878), p. 49; ferner vergleiche: L. Rouyer, Ann. fac. sc. Toulouse (2) 2 (1900), p. 163; M. Laguerre, J. de math. pures et appliquées (2) 2 (1870), p. 193.

Man kann nun für die Gerade p, d. i. der Ort der Projektionszentren eines scheinbaren Dreiecksnetzes, irgend eine Erzeugende aus einem der vier Systeme wählen, z. B. die Erzeugende d_l für $l = l_0$. Dann stellen die drei übrigen Systeme eine Geradenanordnung dar, welche aus jedem Punkt der Geraden p als Dreiecksnetz projiziert wird. Denn zu irgend welchen zwei Erzeugenden aus zwei verschiedenen Systemen, z. B. zu a_h und b_i, gibt es vermöge der aus der Kongruenz $\Sigma\, t_i \equiv 0$ folgenden Beziehung

$$h + i + k \equiv -l_0,$$

welche für ganze Zahlen befriedigt werden muß, stets eine und nur eine Erzeugende c_k des dritten Systems, die mit p und den beiden Erzeugenden a_h und b_i hyperboloidisch liegt. Der geometrische Ort der Projektionszentren ist sonach in keiner Weise ausgezeichnet, wie dies bei den Regelflächen 6. Grades der Fall ist.

Daß man umgekehrt jedes auf einer nicht rationalen Regelfläche 4. Grades liegende scheinbare Dreiecksnetz auf die angegebene Weise darstellen kann, läßt sich leicht zeigen. Die Parameter der Geraden p und irgend eines Tripels sich scheinbar schneidender Geraden können für d_0 und a_0, b_0, c_0 eingesetzt werden. Nach § 1 ist dann das scheinbare Dreiecksnetz eindeutig bestimmt, sobald noch eine weitere Gerade mit dem Parameter a_1 vorgegeben ist, welche mit den Erzeugenden b_0 und c_0 in der Projektion ein Maschendreieck bildet. Aus dem Parameter a_1 dieser Geraden berechnet sich die Konstante $\Delta\lambda = a_1 - a_0$.

Indem man $\Delta\lambda$ unterteilt, erhält man die entsprechenden Verfeinerungen des vorgegebenen scheinbaren Dreiecksnetzes.

Setzt man $a_0 \equiv b_0 \equiv c_0 \equiv d_0 \equiv 0$, so gehen die vier Systeme der Geradenanordnung ineinander über. Es existiert jetzt in der vorgegebenen Folge von diskreten Geraden zu irgend welchen drei Erzeugenden stets eine vierte dazu hyperboloidisch liegende Gerade. Wenn man eine beliebige Erzeugende der aus einer endlichen oder unendlichen Anzahl von Linien bestehenden Folge als Gerade p auswählt, so werden von jedem Punkt dieser Erzeugenden p aus die sämtlichen übrigen Erzeugenden der Folge als Dreiecksnetz projiziert. Beim Fortschreiten des Projektionszentrums O längs einer Erzeugenden der Folge bleibt das scheinbare Dreiecksnetz beständig erhalten, d. h. es scheinen sich fortwährend die nämlichen Tripel von Erzeugenden zu schneiden.

Bewegt sich dagegen das Projektionszentrum O auf der Regelfläche ganz beliebig, so projizieren sich die Erzeugenden im allgemeinen nicht als Dreiecksnetz, sondern nur dann, wenn O wiederum auf irgend eine Erzeugende der Geradenanordnung zu liegen kommt. Beim Übergang des Punktes O von einer Erzeugenden der Folge zu einer anderen ändern sich jeweils die Tripel der sich scheinbar schneidenden Erzeugenden; irgend welche drei Erzeugende, welche sich für die neue Lage von O als scheinbar schneidend erweisen, haben diese Eigenschaft bei der früheren Lage von O nicht und umgekehrt. Je mehr man die Geradenanordnung des scheinbaren Dreiecksnetzes verfeinert, umso größer wird die Menge der Projektionszentren O, von denen aus ein Dreiecksnetz gesehen wird.

Zusammenfassung:

Auf jeder allgemeinen Regelfläche 4. Grades mit zwei reellen oder imaginären Doppellinien lassen sich auf unbegrenzt viele Arten vier beliebig unterteilbare Systeme von diskret aufeinanderfolgenden Erzeugenden so angeben, daß von jedem Punkt irgend einer Erzeugenden eines der vier Systeme aus die Erzeugenden der übrigen drei Systeme als Dreiecksnetz projiziert werden. Umgekehrt liegt jede Geradenanordnung der verlangten Art auf einer allgemeinen Regelfläche 4. Grades mit zwei Doppellinien oder einer Ausartung.

Es läßt sich stets erreichen, daß die vier Systeme miteinander zusammenfallen. Dann werden von jedem Punkt irgend einer Erzeugenden der Anordnung aus die sämtlichen übrigen Erzeugenden der Anordnung als Dreiecksnetz projiziert.

Durch fortgesetzte Unterteilung ergeben sich scheinbare Dreiecksnetze, deren Projektionszentren über die ganze Regelfläche 4. Grades dicht ausgebreitet sind.

§ 4.

Ausartungen.

Die analytischen Bemerkungen des § 3 beziehen sich zunächst lediglich auf die allgemeine Regelfläche 4. Grades, welche vom Geschlecht 1 und demnach durch elliptische Funktionen eines Parameters rational darstellbar ist. Auf die zahlreichen Ausartungen will ich nicht ausführlich eingehen. Ich beschränke mich darauf, einige typische Beispiele anzuführen:

1. Der projizierende Kegel 3. Klasse ist rational.
   d' und d'' werden in zwei gewöhnlichen Tangentialebenen angenommen. Das scheinbare Dreiecksnetz liegt auf einer rationalen Regelfläche 4. Grades, deren Doppelkurve 3. Ordnung zerfallen ist in die beiden windschiefen Geraden d', d'' und eine dritte Gerade g. Diese ist die Verbindungslinie der beiden Punkte, in denen d' und d'' die singuläre Tangentialebene des Kegels 3. Klasse treffen.
2. Der projizierende Kegel 3. Klasse ist rational. Nimmt man d' in einer gewöhnlichen, d'' in der singulären Tangentialebene an, so wird in der gewöhnlichen Tangentialebene ein Strahlenbüschel, in der singulären Tangentialebene ein doppelt zählendes Strahlenbüschel ausgeschieden. Als Rest bleibt eine **allgemeine Regelfläche 3. Grades** und zwar ergeben sich die drei Typen derselben, je nachdem der projizierende Kegel 3. Klasse eine isolierte oder eine nicht isolierte Doppeltangentialebene oder eine Wendetangentialebene besitzt.

Durch Zusammenfassen der Regelfläche 3. Grades mit dem einen Strahlenbüschel in der singulären Tangentialebene gelangt man zu einer zerfallenden Regelfläche 4. Grades. Man erhält so eine Geradenanordnung, welche von jedem Punkt einer Geraden der Anordnung aus als ebenes Dreiecksnetz erscheint. Dieses Dreiecksnetz wird gebildet entweder von den Tangenten einer rationalen Kurve 3. Klasse, wenn das Projektionszentrum auf einer Geraden des Strahlenbüschels liegt, oder von den Tangenten eines Kegelschnitts und den Geraden eines Büschels, wenn das Projektionszentrum auf einer Erzeugenden der Regelfläche 3. Grades angenommen wird.

Die Erzeugendenanordnung auf dem Zylindroid, von der ich in der Einleitung ausgegangen bin, erscheint so, zusammengenommen mit dem ebenfalls in der Einleitung erwähnten unendlich fernen Strahlenbüschel, als ein sehr spezieller Fall einer allgemeinen Anordnungsmöglichkeit:

Die Erzeugenden jeder Regelfläche 3. Grades und die Strahlen eines Büschels, dessen Scheitel ein beliebiger Punkt der Doppellinie ist und dessen Ebene die gerade Leitlinie der Regelfläche enthält, lassen sich stets so anordnen, daß von jedem Punkt einer der ausgewählten Linien aus die übrigen Linien der Konfiguration als Dreiecksnetz erscheinen.

3. Der projizierende Kegel 3. Klasse zerfällt in einen Kegel 2. Klasse und in ein Ebenenbüschel. Nimmt man d' und d'' in zwei Tangentialebenen des Kegels 2. Klasse an, so ergibt sich eine Geradenanordnung, welche aus zwei Scharen von Erzeugenden erster Art zweier Regelflächen 2. Grades besteht, die zwei Erzeugende zweiter Art d', d'' gemeinsam haben. Von jedem Punkt einer beliebigen Erzeugenden der Geradenanordnung aus werden die übrigen Erzeugenden als ebenes Dreiecksnetz projiziert, welches von den Tangenten eines Kegelschnitts und den Strahlen eines Büschels gebildet wird.

Ein einfaches Beispiel dieser Art mit imaginären Doppellinien erhält man auf folgende Weise:

Auf zwei koaxialen Drehzylindern wird durch Ebenen durch die Achse, welche nach gleichen Winkeln aufeinanderfolgen, eine Reihe von Erzeugenden ausgeschnitten. Denkt man sich diese Erzeugenden als elastische Fäden an zwei zu der Achse der Zylinder senkrechten Ebenen befestigt, so erhält man stets ein scheinbares Dreiecksnetz, wenn man die beiden Ebenen um die Achse der Zylinder gegeneinander verdreht. Die Mantellinien der Zylinder gehen dabei über in zwei Regelscharen auf zwei koaxialen Drehhyperboloiden.

4. Der projizierende Kegel 3. Klasse zerfällt in drei Ebenenbüschel. d', d'' sind beliebige Gerade. Anstelle der Regelfläche 6. Grades treten drei Systeme von Erzeugenden erster Art dreier Regelflächen 2. Grades, welche eine Erzeugende p erster Art und zwei

Erzeugende d', d'' zweiter Art gemeinsam haben. Von jedem auf p liegenden Zentrum O aus wird die Geradenanordnung als ebenes Dreiecksnetz projiziert, welches von drei Strahlenbüscheln mit nicht in gerader Linie liegenden Scheiteln gebildet wird.

Wenn insbesondere die beiden Geraden d', d'' in zwei Ebenen α', α'' von zweien der drei vorgegebenen Ebenenbüscheln liegen, so bleibt nach Absonderung der zwei in α' und α'' auftretenden Strahlenbüschel eine zerfallende Regelfläche 4. Grades übrig, welche aus einer Schar von Erzeugenden einer Regelfläche 2. Grades besteht und aus zwei Strahlenbüscheln, deren Scheitel auf d' bzw. d'' liegen. Von jedem Punkt irgend einer Geraden der Anordnung aus projizieren sich die übrigen Geraden als ebenes Dreiecksnetz, welches entweder von drei Strahlenbüscheln mit nicht in gerader Linie liegenden Scheiteln oder von den Strahlen eines Büschels und den Tangenten eines Kegelschnitts gebildet wird.

Durch Zerfallen der Regelfläche 2. Grades in zwei Strahlenbüschel gelangt man zu einem besonders einfachen scheinbaren Dreiecksnetz, welches von vier Strahlenbüscheln gebildet wird: Die Scheitel der vier Büschel bilden die Ecken, die Ebenen der Büschel die Seitenflächen eines Tetraeders. Von jedem Punkt eines Strahls eines der vier Büschel sieht man die Strahlen der übrigen drei Büschel als Dreiecksnetz, dessen umhüllende Kurve 3. Klasse in drei Punkte ausgeartet ist. Zwei windschiefe Kanten des Tetraeders sind ausgezeichnet; in ihnen schneiden sich je zwei Strahlenbüschel. Ein Modell dieser Geradenanordnung läßt sich leicht herstellen, indem man etwa aus einem ebenen Dreiecksnetz, welches von drei Strahlenbüscheln erzeugt wird, deren Scheitel ein gleichseitiges Dreieck bilden, ein Strahlenbüschel herausgreift und in die vier Seitendreiecke eines regulären Tetraeders einzeichnet in der Weise, daß sich auf zwei windschiefen Tetraederkanten jeweils entsprechende Strahlen zweier Büschel schneiden.

Schlussbemerkungen.

Zum Schlusse sei noch darauf hingewiesen, daß die in § 1 auseinandergesetzte lineare Erzeugungsweise zu einer einfachen mechanischen Herstellung und einer mechanischen Deformation der scheinbaren Dreiecksnetze mit zwei reellen mehrfachen Linien d', d'' führt:

In einem allgemeinen ebenen Dreiecksnetz betrachtet man die Netzgeraden als elastische Fäden, welche an zwei starren Geraden in der Ebene des Dreiecksnetzes befestigt sind. Wenn man dann die beiden starren Geraden aus ihrer gemeinsamen Ebene herausnimmt und auf ganz beliebige Weise im Raume gegeneinander bewegt, so bilden bei diesem kontinuierlichen Prozeß die unendlich verlängert gedachten elastischen Fäden fortwährend Erzeugende eines scheinbaren Dreiecksnetzes. Die sämtlichen durch diese stetige mechanische Deformation auseinander hervorgehenden räumlichen Geradenanordnungen sind zueinander affin. Je nachdem keine, eine oder die beiden starren Geraden zugleich Tangenten der Umhüllenden des vorgegebenen ebenen Dreiecksnetzes sind, erhält man Regelflächen 6., 5. oder 4. Grades.

Bei den Regelflächen 6. Grades wird die dreifach zählende Erzeugende p, auf der die Projektionszentren O liegen, durch einen elastischen Faden dargestellt, welcher diejenigen Punkte der beiden starren Geraden verbindet, die ursprünglich in der Ebene des gegebenen Dreiecksnetzes im Schnittpunkt der beiden starren Geraden gelegen waren.

Wenn die beiden zugrundegelegten starren Geraden Netzgeraden eines die Ebene einfach überdeckenden ebenen Dreiecksnetzes sind, wenn also die drei Geradensysteme des ebenen Dreiecksnetzes miteinander identisch sind, so erhält man die auf Seite 176 besprochenen speziellen scheinbaren Dreiecksnetze auf Regelflächen 4. Grades; von jedem Punkte eines der elastischen Fäden aus werden dann die sämtlichen übrigen elastischen Fäden als Dreiecksnetz projiziert.

Die Regelflächen 6., 5. oder 4. Grades arten in ebene Kurven 6., 5. oder 4. Klasse aus, wenn die beiden starren Geraden sich schneiden.

Ein besonders einfaches Beispiel eines auf einer rationalen Regelfläche 4. Grades liegenden scheinbaren Dreiecksnetzes bietet nach einer Bemerkung des Herrn Geheimrates Finsterwalder die Fläche, welche durch Bewegung einer Strecke entsteht, deren Endpunkte auf zwei windschiefen Geraden gleiten. Die Verteilung der Knotenpunkte auf den beiden windschiefen Geraden geschieht nach der Sinusfunktion. Der Winkel zwischen je zwei aufeinanderfolgenden Geraden der Anordnung ist konstant. Die Regelfläche besitzt eine unendlich ferne isolierte doppelte Erzeugende. Die Projektion der Geradenanordnung von einem Punkte irgend einer der Geraden aus ist projektiv zu dem ebenen Dreiecksnetz der Steinerschen Kurve, während die Normalprojektion in Richtung des gemeinsamen Lotes der beiden Doppellinien die Tangenten einer Astroide liefert. Die Geraden des scheinbaren Dreiecksnetzes lassen sich zu windschiefen Vierseiten anordnen, deren Ecken abwechselnd auf den beiden Doppellinien liegen.

Wenn man die Fußpunkte der numerierten Erzeugenden auf einer der beiden Doppellinien zyklisch vertauscht und die nach der geänderten Numerierung entsprechenden Punkte verbindet, so ergeben sich jedesmal von neuem scheinbare Dreiecksnetze auf rationalen Regelflächen 4. Grades. Die Projektionen sind wiederum zur Steinerschen Kurve projektiv, die Erzeugenden lassen sich jedoch nicht mehr zu windschiefen Vierseiten zusammenfassen, wohl aber zu windschiefen Polygonen mit anderer Seitenzahl. Die durch die angegebene zyklische Vertauschung hervorgehenden Flächen sind also keineswegs zueinander projektiv. Ganz analog liegen die Verhältnisse, wenn die Knotenpunktverteilung auf den windschiefen Doppellinien aus einem ebenen Dreiecksnetz entnommen ist, das nicht von einer zur Steinerschen projektiven Kurve, sondern von einer allgemeinen Kurve 3. Klasse umhüllt wird.

Daß bei der zyklischen Vertauschung stets wieder scheinbare Dreiecksnetze entstehen, folgt aus dem Satze: Die Knotenpunktanordnungen auf den sämtlichen Geraden eines gegebenen ebenen Dreiecksnetzes bzw. ihre Unterteilungen können projektiv aufeinander bezogen werden. Die zyklischen Vertauschungen führen daher im wesentlichen zum gleichen Ergebnis, als wenn man bei der mechanischen Erzeugung anstelle der zwei ursprünglich als starr angenommenen Geraden zwei andere Netzgerade treten läßt.

Falls die Gerade p der Projektionszentren unendlich fern liegt, kann man die ganze Geradenanordnung um eine mit ihr starr verbundene, zu p „senkrechte" Drehachse rotieren lassen und erhält dabei für eine zur Drehachse senkrechte Projektionsrichtung als Parallelriß fortwährend ein ebenes Dreiecksnetz.

Ferner bemerke ich noch, daß die scheinbaren Dreiecksnetze auch einer dualen Deutung fähig sind: Jede Ebene durch p schneidet die übrigen Erzeugenden nach einer Punktkonfiguration, welche zu der Anordnung der Geraden eines ebenen Dreiecksnetzes reziprok ist, d. h. die Punkte liegen zu dreien auf geraden Linien. Bei irgend welchen Kollineationen und Korrelationen des Raumes behalten die scheinbaren Dreiecksnetze ihre Eigenschaft bei.

Elementare Extremalprobleme über nichtnegative trigonometrische Polynome.

Von **Otto Szász** in Frankfurt a. Main.

Vorgelegt von A. Pringsheim in der Sitzung am 15. Juni 1927.

1. Die Resultate dieser Arbeit sind vor einer Reihe von Jahren entstanden, anschließend an frühere Veröffentlichungen und an eine mit Herrn v. Egerváry verfaßte ältere, erst jetzt erscheinende Arbeit[1]). Es werden im Folgenden einige Sätze auf kürzerem Wege abgeleitet und einige neue hinzugefügt. Der Ideengang ist eng verwandt mit dem in meiner Arbeit[2]): „Über nichtnegative trigonometrische Polynome" befolgten.

Es handelt sich allgemein darum, im Bereiche der nichtnegativen trigonometrischen Polynome n-ter Ordnung mit dem konstanten Gliede 1

$$\tau(t) = 1 + \alpha_1 \cos t + \beta_1 \sin t + \ldots + \alpha_n \cos nt + \beta_n \sin nt$$

die extremen Werte gewisser Ausdrücke in den Koeffizienten und die zugehörigen $\tau(t)$ zu bestimmen. Das wesentliche Hilfsmittel ist dabei eine von den Herren L. Fejér und F. Riesz herrührende Parameterdarstellung der nichtnegativen trigonometrischen Polynome; darnach ist $\tau(t)$ in der Form darstellbar

$$(1) \qquad \tau(t) = |u_0 + u_1 e^{it} + \ldots + u_n e^{int}|^2.$$

---

[1]) Einige Extremalprobleme im Bereiche der trigonometrischen Polynome. Math. Zeitschr.

[2]) Sitzungsber. d. Akademie München 1917, S. 307—320.

Setzt man

$$a_0 = 1,\ \beta_0 = 0,\ a_\nu - i\beta_\nu = \gamma_\nu,\ \nu = 0, 1, \dots n,$$

so besagt (1), daß die γ_ν die Darstellung besitzen:

$$(2)\qquad \gamma_\varkappa = 2\sum_{\nu=0}^{n-\varkappa} u_{\nu+\varkappa}\bar{u}_\nu,\quad 1 = \sum_{\nu=0}^{n}|u_\nu|^2,\quad \varkappa = 1, 2, \dots n;$$

hierdurch geht ein Ausdruck in den γ_ν, $\bar{\gamma}_\nu$ über in eine Funktion der Variabeln u_ν, $\bar{u}_\nu$.

2. Ich gebe zunächst eine neue einfache Bestimmung des Maximums von $|\gamma_1|$ und der zugehörigen $\tau(t)$. Nach (2) ist

$$|\gamma_1| = 2\left|\sum_{\nu=0}^{n-1} u_{\nu+1}\bar{u}_\nu\right|;$$

setzt man

$$u_\nu = x_\nu e^{i\varphi_\nu},\ x_\nu \geqq 0,\ \nu = 0, 1, \dots n,$$

so wird

$$|\gamma_1| \leqq 2(x_0 x_1 + x_1 x_2 + \dots + x_{n-1} x_n);$$

Gleichheit gilt nur, falls

$$\varphi_1 - \varphi_0 = \varphi_2 - \varphi_1 = \dots = \varphi_n - \varphi_{n-1}.$$

Wegen (1) können wir ohne Einschränkung der Allgemeinheit $\varphi_0 = 0$ setzen; schreiben wir φ statt φ_1, so wird $\varphi_2 = 2\varphi, \dots, \varphi_n = n\varphi$.

Wir haben nun das Maximum der quadratischen Form $\sum_{\nu=1}^{n} x_{\nu-1} x_\nu$ unter der Bedingung $\sum_{\nu=0}^{n} x_\nu^2 = 1$ zu bestimmen. In bekannter Weise erhält man für die x_ν und für das Maximum λ das Gleichungssystem:

$$\left.\begin{array}{rl} -\lambda x_0 + x_1 & = 0 \\ x_0 - \lambda x_1 + x_2 & = 0 \\ - \quad - \quad - \quad - & \\ x_{n-2} - \lambda x_{n-1} + x_n & = 0 \\ x_{n-1} - \lambda x_n & = 0 \end{array}\right\}.$$

Wegen $2x_{\nu-1}x_\nu \leqq x_{\nu-1}^2 + x_\nu^2$ ist offenbar $\lambda \leqq 2$; wir können also

$$\lambda = 2\cos\vartheta = e^{i\vartheta} + e^{-i\vartheta}$$

setzen. Das Gleichungssystem kann nun so geschrieben werden: $x_1 - e^{i\vartheta}x_0 = e^{-i\vartheta}x_0$, $x_2 - e^{i\vartheta}x_1 = e^{-i\vartheta}(x_1 - e^{i\vartheta}x_0), \dots,$ $x_n - e^{i\vartheta}x_{n-1} = e^{-i\vartheta}(x_{n-1} - e^{i\vartheta}x_{n-2})$, $x_{n-1} - e^{-i\vartheta}x_n = e^{i\vartheta}x_n$;

hieraus folgt

$$x_\nu - e^{i\vartheta} x_{\nu-1} = x_0 e^{-i\nu\vartheta}, \quad \nu = 1, 2, \ldots, n;$$
$$x_n - e^{i\vartheta} x_{n-1} = - e^{2i\vartheta} x_n.$$

Hierfür können wir schreiben:

$$e^{-i\nu\vartheta} x_\nu - e^{-i(\nu-1)\vartheta} x_{\nu-1} = e^{-2i\nu\vartheta} x_0, \; \nu = 1, 2, \ldots, n;$$
$$- e^{2i\vartheta} x_n = e^{-in\vartheta} x_0;$$

aus diesen Gleichungen ergibt sich sofort

$$e^{-i\nu\vartheta} x_\nu = x_0 (1 + e^{-2i\vartheta} + \ldots + e^{-2i\nu\vartheta}), \; \nu = 1, 2, \ldots, n;$$
$$x_n = - e^{-i(n+2)\vartheta} x_0.$$

Aus den beiden letzten Gleichungen folgt (da $x_0 \neq 0$)

$$1 + e^{-2i\vartheta} + \ldots + e^{-2in\vartheta} = - e^{-i(2n+2)\vartheta},$$

dies ist nur eine andere Gestalt der charakteristischen Gleichung unseres homogenen Gleichungssystems; hieraus folgt

$$\vartheta = \frac{\pi}{n+2},$$

also das gesuchte Maximum

$$\lambda = 2 \cos \frac{\pi}{n+2}.$$

Ferner ist

$$x_\nu = x_0 e^{i\nu\vartheta} \frac{1 - e^{-2i\vartheta(\nu+1)}}{1 - e^{-2i\vartheta}} = x_0 \frac{e^{i(\nu+1)\vartheta} - e^{-i(\nu+1)\vartheta}}{e^{i\vartheta} - e^{-i\vartheta}}$$
$$= x_0 \frac{\sin \dfrac{(\nu+1)\pi}{n+2}}{\sin \dfrac{\pi}{n+2}},$$

und schließlich

$$\tau(t) = a \left| \sum_{\nu=0}^{n} \sin (\nu+1) \frac{\pi}{n+2} e^{i\nu(t+\varphi)} \right|^2,$$

wobei

$$\frac{1}{a} = \sum_{\nu=0}^{n} \sin^2 (\nu+1) \frac{\pi}{n+2} = \frac{n+2}{2}.$$

Eine einfache Rechnung ergibt weiter

$$(3) \quad \tau(t) = 1 + \frac{2}{n+2} \sum_{\nu=1}^{n} \left[(n-\nu+1) \cos \frac{\nu\pi}{n+2} + \frac{\sin \dfrac{(\nu+1)\pi}{n+2}}{\sin \dfrac{\pi}{n+2}} \right] \cdot \cos \nu (t+\varphi).$$

Zusammenfassend erhalten wir den

Satz I. Aus $\tau(t) = 1 + \sum_{\nu=1}^{n} (\alpha_\nu \cos \nu t + \beta_\nu \sin \nu t) \geqq 0$ folgt

$$\sqrt{\alpha_1^2 + \beta_1^2} \leqq 2 \cos \frac{\pi}{n+2};$$

Gleichheit gilt nur im Falle (3).[1])

3. Zur Bestimmung des Maximums von $|\gamma_\varkappa|$ für irgend ein $\varkappa \geqq 2$ seien $\omega_1, \ldots, \omega_\varkappa$ die $\varkappa$-ten Einheitswurzeln; wegen

$$\tau(t) = \Re \sum_{\nu=0}^{n} \gamma_\nu e^{i\nu t} \geqq 0$$

ist auch

$$\frac{1}{\varkappa} \Re \sum_{\nu=0}^{n} \gamma_\nu e^{i\nu t} \omega_\mu^\nu \geqq 0, \quad \mu = 1, 2, \ldots \varkappa, \quad \omega_\mu = e^{\frac{2\mu\pi i}{\varkappa}}.$$

Und hieraus durch Addition

$$\frac{1}{\varkappa} \sum_{\mu=1}^{\varkappa} \tau\left(t + \frac{2\mu\pi}{\varkappa}\right) = 1 + \Re\,(\gamma_\varkappa e^{\varkappa t i} + \gamma_{2\varkappa} e^{2\varkappa t i} + \ldots$$
$$+ \gamma_{\lambda\varkappa} e^{\lambda\varkappa t i}) \geqq 0;$$

hierbei ist

$$\lambda\varkappa \leqq n < (\lambda + 1)\varkappa \quad \text{oder} \quad \lambda = \left[\frac{n}{\varkappa}\right].$$

Setzt man $\varkappa t = \vartheta$ so wird

$$(4) \qquad 1 + \Re \sum_{\nu=1}^{\lambda} \gamma_{\nu\varkappa} e^{\nu\vartheta i} \geqq 0;$$

aus Satz I folgt somit

$$|\gamma_\varkappa| \leqq 2 \cos \frac{\pi}{\lambda + 2} = 2 \cos \frac{\pi}{\left[\frac{n}{\varkappa}\right] + 2}.$$

Hier gilt Gleichheit, falls

$$1 + \Re \sum_{\nu=1}^{\lambda} \gamma_{\nu\varkappa} e^{\nu\varkappa t i} = \frac{2}{\lambda + 2} \left|\sum_{\nu=0}^{\lambda} \sin \frac{(\nu+1)\pi}{\lambda + 2} e^{i\nu(\varkappa t + \varphi)}\right|^2.$$

---

[1]) Vgl. L. Fejér, Über trigonometrische Polynome, Journ. f. Math. **146** (1915), S. 53—82; insb. S. 79—80; ferner O. Szász, Über harmonische Funktionen und L-Formen, Mathem. Zeitschrift **1** (1918), S. 149—162. Vgl. auch G. Szegö, Koeffizientenabschätzungen ..., Math. Ann. **96**, 1927, S. 601—632; insb. S. 621—629.

Nun ist leicht zu sehen, daß das Polynom $\sum_{\nu=0}^{\lambda} \sin \frac{(\nu+1)\pi}{\lambda+2} \cdot z^{\nu}$ die Nullstellen hat

$$e^{-i\frac{2\nu+1}{\lambda+2}\pi}, \nu = 1, 2, \ldots \lambda;$$

es ist also

$$1 + \Re \sum_{\nu=1}^{\lambda} \gamma_{\nu\varkappa} e^{\nu\varkappa t i} = 0 \text{ für } t = -\frac{\varphi + \frac{2\nu+1}{\lambda+2}\pi}{\varkappa} = t_{\nu}, \nu = 1, 2, \ldots \lambda.$$

Oder auch

$$\sum_{\mu=1}^{\varkappa} \tau\left(t + \frac{2\mu\pi}{\varkappa}\right) = 0 \text{ für } t = t_{\nu}, \nu = 1, 2, \ldots \lambda;$$

da aber $\tau \geqq 0$ ist, so folgt hieraus, daß die Glieder der letzten Summe einzeln verschwinden; insbesondere ist $\tau(t) = 0$ für $t = t_{\nu}$.

Also ist

$$(5) \quad \tau(t) = \frac{2}{\lambda+2} \left| \sum_{\nu=0}^{\lambda} \sin \frac{(\nu+1)\pi}{\lambda+2} \cdot e^{i\nu(\varkappa t+\varphi)} \right|^2 \cdot \psi(t), \quad \lambda = \left[\frac{n}{\varkappa}\right],$$

wobei $\psi(t)$ ein beliebiges nichtnegatives trigonometrisches Polynom $(n - \varkappa\lambda)$-ter Ordnung mit dem konstanten Gliede 1 ist. Somit gilt der[1])

Satz II. Aus

$$(6) \qquad \tau(t) = 1 + \sum_{\nu=1}^{n} (\alpha_{\nu} \cos \nu t + \beta_{\nu} \sin \nu t) \geqq 0$$

folgt

$$|\alpha_{\varkappa} - i\beta_{\varkappa}| \leqq 2 \cos \frac{\pi}{\left[\frac{n}{\varkappa}\right] + 2};$$

Gleichheit gilt nur im Falle (5).

4. In meiner a. S. 185 unter 2 zitierten Arbeit hatte ich den Satz bewiesen: aus (6) folgt

$$\sum_{\nu=1}^{n} |\alpha_{\nu} + i\beta_{\nu}| \leqq n,$$

---

[1]) Vgl. auch v. Egerváry und Szász a. S. 185 a. O. 1. — Szegö a. S. 188 a. O. 1, S. 624—626. — Für $\varkappa > \frac{n}{2}$ und reine Kosinuspolynome zuerst bei Fejér a. S. 188 a. O. 1; für beliebige trigonometrische Polynome Szász a. S. 185 a. O. 2. — Zu dieser kurzen Herleitung der Sätze II und III wurde ich durch eine mündliche Bemerkung des frühverstorbenen F. Lukács im März 1918 angeregt. Einen anderen Beweis des Satzes II hat mir später (im Juni 1919) Herr M. Krafft mitgeteilt.

und Gleichheit gilt nur für

$$(F)\qquad \tau(t) = 1 + 2\sum_{\nu=0}^{n-1} \frac{n-\nu}{n+1} \cos(\nu+1)(t+\varphi) = \frac{1}{n+1}\left(\frac{\sin\frac{n+1}{2}(t+\varphi)}{\sin\frac{1}{2}(t+\varphi)}\right)^2.$$

Wendet man diesen Satz auf das trigonometrische Polynom (4) an, so wird

$$\sum_{\nu=1}^{\lambda} |\gamma_{\nu\varkappa}| \leqq \lambda;$$

Gleichheit gilt nur für

$$1 + \Re \sum_{\nu=1}^{\lambda} \gamma_{\nu\varkappa}\, e^{\nu\varkappa t i} = \frac{1}{\lambda+1}\left(\frac{\sin\frac{\lambda+1}{2}(\varkappa t+\varphi)}{\sin\frac{1}{2}(\varkappa t+\varphi)}\right)^2, \quad \lambda = \left[\frac{n}{\varkappa}\right],$$

Wie vorhin schließen wir, daß an den Nullstellen dieses trigonometrischen Polynoms auch $\tau(t)$ verschwindet; daher ist

$$(7)\qquad \tau(t) = \frac{1}{\lambda+1}\left(\frac{\sin\frac{\lambda+1}{2}(\varkappa t+\varphi)}{\sin\frac{1}{2}(\varkappa t+\varphi)}\right)^2 \psi(t),$$

wobei $\psi(t)$ ein beliebiges nichtnegatives trigonometrisches Polynom von der Ordnung $n - \varkappa\lambda \leqq \varkappa - 1$ mit dem konstanten Gliede 1 ist. Somit gilt der[1])

Satz III. Aus (6) folgt

$$|\alpha_\varkappa + i\beta_\varkappa| + |\alpha_{2\varkappa} + i\beta_{2\varkappa}| + \cdots \leqq \lambda = \left[\frac{n}{\varkappa}\right];$$

Gleichheit gilt nur im Falle (7).

Ähnlich läßt sich die Ungleichung[2])

$$|\gamma_1| + |\gamma_3| + \cdots \leqq \begin{cases} \mu+1 & \text{für } n = 2\mu+1, \\ \sqrt{\mu(\mu+1)} & \text{für } n = 2\mu, \end{cases}$$

verallgemeinern.

5. Aus (2) folgt

$$(8)\qquad |\gamma_\varkappa| + |\gamma_{n-\varkappa+1}| \leqq 2(x_0 x_\varkappa + x_1 x_{\varkappa+1} + \cdots + x_{n-\varkappa} x_n + x_{n-\varkappa+1} x_0 + \cdots + x_n x_{\varkappa-1});$$

---

1) Für $\varkappa = 2$ schon in meiner a. S. 185 unter 2 zitierten Arbeit.

2) Vgl. meine Arbeit a. S. 185 a. O. 2.

Gleichheit gilt hier nur, falls

$$(9)\qquad \begin{gathered}\varphi_\varkappa-\varphi_0=\varphi_{\varkappa+1}-\varphi_1=\cdots=\varphi_n-\varphi_{n-\varkappa},\\ \varphi_{n-\varkappa+1}-\varphi_0=\cdots=\varphi_n-\varphi_{\varkappa-1}.\end{gathered}$$

Aus (8) folgt weiter wegen $2ab\leqq a^2+b^2$

$$|\lambda_\varkappa|+|\lambda_{n-\varkappa+1}|\leqq 2\sum_{\nu=0}^{n}x_\nu^2=2;$$

hier gilt Gleichheit nur für

$$(10)\quad x_0=x_\varkappa,\ x_1=x_{\varkappa+1},\cdots x_{n-\varkappa}=x_n,\ x_0=x_{n-\varkappa+1},\cdots x_{\varkappa-1}=x_n.$$

Dies ergibt den

Satz IV. Aus (6) folgt[1])

$$(11)\qquad |\alpha_\varkappa+i\beta_\varkappa|+|\alpha_{n-\varkappa+1}+i\beta_{n-\varkappa+1}|\leqq 2;$$

die Fälle der Gleichheit lassen sich aus (9) und (10) bestimmen.

Speziell für $\varkappa=1$ wird

$$|\alpha_1+i\beta_1|+|\alpha_n+i\beta_n|\leqq 2;$$

Gleichheit gilt hier nach (9) und (10) falls

$$\varphi_1-\varphi_0=\varphi_2-\varphi_1=\cdots=\varphi_n-\varphi_{n-1},\quad x_0=x_1=\cdots=x_n;$$

also

$$\begin{aligned}\tau(t)&=\frac{1}{n+1}\,|1+e^{i(t+\varphi)}+\cdots+e^{in(t+\varphi)}|^2\\ &=\frac{1}{n+1}\left(\frac{\sin\frac{n+1}{2}(t+\varphi)}{\sin\frac{1}{2}(t+\varphi)}\right)^2.\ ^{2)}\end{aligned}$$

Durch Anwendung der Formel (4) erhält man jetzt

$$|\gamma_\varkappa|+|\gamma_{\lambda\varkappa}|\leqq 2,\ \lambda=\left[\frac{n}{\varkappa}\right];$$

und allgemeiner

$$|\gamma_{\nu\varkappa}|+|\gamma_{(\lambda-\nu+1)\varkappa}|\leqq 2,\ \nu<\lambda=\left[\frac{n}{\varkappa}\right].$$

Die Fälle der Gleichheit lassen sich leicht bestimmen.

---

1) Vgl. auch v. Egerváry und Szász a. S. 185 a. O. 1.

2) Bei diesem trigonometrischen Polynom ist auch für jedes $\varkappa$: $|\gamma_\varkappa|+|\gamma_{n-\varkappa+1}|=2$.

Es ist leicht zu sehen, daß allgemein für $\sum_{\nu=1}^{n} \varrho_\nu |\gamma_\nu|$, $\varrho_\nu \geqq 0$ das Extremum schon durch reine Kosinuspolynome erreicht wird.

6. Es sei jetzt

$$T(t) = a_1 \cos t + b_1 \sin t + \cdots + a_n \cos nt + b_n \sin nt$$

ein trigonometrisches Polynom n-ter Ordnung mit dem konstanten Gliede Null; sein Maximum sei M, sein Minimum $-m$. Die positiven Zahlen M, m geben die höchste Steigung bzw. die tiefste Senkung von T.

Offenbar ist

$$\frac{T(t) + m}{m} = 1 + \sum_{\nu=1}^{n} \left(\frac{a_\nu}{m} \cos \nu t + \frac{b_\nu}{m} \sin \nu t \right) \geqq 0,$$

also nach (11)

$$|a_k - i b_k| + |a_{n-k+1} - i b_{n-k+1}| \leqq 2m.$$

Ebenso folgt aus $\frac{M - T(t)}{M} \geqq 0$ die Ungleichung

$$|a_k - i b_k| + |a_{n-k+1} - i b_{n-k+1}| \leqq 2M;$$

oder

$$\left.\begin{matrix} m \\ M \end{matrix}\right\} \geqq \frac{|a_k - i b_k| + |a_{n-k+1} - i b_{n-k+1}|}{2}, \quad k = 1, 2, \ldots \tag{12}$$

Dies gibt den

Satz V. *Die höchste Steigung und die tiefste Senkung von $T(t)$ ist mindestens so groß wie das arithmetische Mittel der Amplituden zweier zur Mitte symmetrisch gelegener Glieder.*

Durch Addition für $k = 1, \ldots n$ folgt aus (12)

$$\left.\begin{matrix} m \\ M \end{matrix}\right\} \geqq \frac{1}{n} \sum_{k=1}^{n} |a_k - i b_k| \text{ [1]}.$$

7. Es seien n reelle Zahlen gegeben: $a_1, a_2, \ldots, a_n$, und

$$|a_\nu| = 1, \quad \nu = 1, 2, \ldots, n.$$

Aus (2) folgt

$$\sum_{k=1}^{n} a_k \beta_k = \frac{i}{2} \sum_{k=1}^{n} a_k (\gamma_k - \bar{\gamma}_k) = i \sum_{k=1}^{n} \left[a_k \sum_{\nu=0}^{n-k} (u_{\nu+k} \bar{u}_\nu - \bar{u}_{\nu+k} u_\nu) \right]$$

---

[1]) Vgl. meine auf a. S. 185 unter 2) zitierte Arbeit.

und hieraus

$$(13) \qquad \left|\sum_{k=1}^{n} a_k \beta_k\right| \leq \sum_{k=1}^{n} \sum_{\nu=0}^{n-k} \left|u_{\nu+k}\bar{u}_\nu - \bar{u}_{\nu+k} u_\nu\right|.$$

Setzt man

$$u_\nu = |u_\nu| e^{i\varphi_\nu}, \quad -\pi \leq \varphi_\nu < \pi, \quad \nu = 0, 1, \ldots, n,$$

so wird

$$u_{\nu+k}\bar{u}_\nu - \bar{u}_{\nu+k} u_\nu = |u_\nu u_{\nu+k}| \cdot 2i \sin(\varphi_{\nu+k} - \varphi_\nu);$$

es ist also

$$\left|\sum_{k=1}^{n} a_k \beta_k\right| \leq 2 \sum_{k=1}^{n} \sum_{\nu=0}^{n-k} |u_\nu u_{\nu+k}| \left|\sin(\varphi_{\nu+k} - \varphi_\nu)\right|,$$

und Gleichheit gilt hier nur, wenn für $\varepsilon = 1$ bzw. $\varepsilon = -1$

$$(14) \qquad \begin{gathered} \operatorname{sgn} \sin(\varphi_{\nu+k} - \varphi_\nu) = \varepsilon a_k, \quad \nu = 0, 1, \ldots, n-k; \\ k = 1, 2, \ldots, n. \end{gathered}$$

Der Ausdruck

$$\sum_{k=1}^{n} \sum_{\nu=0}^{n-k} \left|u_{\nu+k}\bar{u}_\nu - \bar{u}_{\nu+k} u_\nu\right| = 2 \sum_{k=1}^{n} \sum_{\nu=0}^{n-k} |u_\nu u_{\nu+k}| \left|\sin(\varphi_{\nu+k} - \varphi_\nu)\right|$$

bleibt offenbar ungeändert, wenn die einzelnen φ_ν durch $\varphi_\nu \pm \pi$ ersetzt werden; ich kann daher annehmen, daß

$$-\frac{\pi}{2} \leq \varphi_\nu < \frac{\pi}{2}, \quad \nu = 0, 1, \ldots, n$$

ist. Gibt man ferner den u_ν eine passende Reihenfolge:

$$v_0, v_1, \ldots, v_n, \quad v_\nu = |v_\nu| e^{i\psi_\nu}, \quad |\psi_\nu| \leq \frac{\pi}{2},$$

so wird

$$\psi_0 \leq \psi_1 \leq \cdots \leq \psi_n.$$

Dann ist aber

$$\sin(\psi_{\nu+k} - \psi_\nu) \geq 0;$$

also

$$\sum_{k=1}^{n} \sum_{\nu=0}^{n} \left|u_{\nu+k}\bar{u}_\nu - \bar{u}_{\nu+k} u_\nu\right| = \left|\sum_{k=1}^{n} \sum_{\nu=0}^{n-k} v_{\nu+k}\bar{v}_\nu - \bar{v}_{\nu+k} v_\nu\right|,$$

wobei die v_ν bis auf die Reihenfolge mit den u_ν übereinstimmen[1]). Daher ist

$$\mathrm{Max}\sum\sum|u_{\nu+k}\bar{u}_\nu-\bar{u}_{\nu+k}u_\nu|=\mathrm{Max}\sum\sum(\bar{u}_{\nu+k}u_\nu-u_{\nu+k}\bar{u}_\nu)\,i,$$
$$\sum|u_\nu|^2=1.$$

Für die zugehörigen u_ν und das reelle Maximum λ dieser Hermiteschen Form erhält man in bekannter Weise das Gleichungssystem

$$(15)\quad\begin{cases}-i(u_1+\cdots+u_n)=\lambda u_0,\; i(u_0+\cdots+u_{\nu-1})-i(u_{\nu+1}+\\ \qquad+\cdots+u_n)=\lambda u_\nu,\\ \nu=1,2,\cdots n-1,\; i(u_0+\ldots+u_{n-1})=\lambda u_n.\end{cases}$$

Zur Auflösung dieses Gleichungssystems subtrahieren wir die $(\nu+1)$-te Gleichung von der ν-ten, dann wird

$$-i(u_\nu+u_{\nu+1})=\lambda(u_\nu-u_{\nu+1}),\quad \nu=0,\ldots n-1$$

oder

$$(\lambda-i)u_{\nu+1}=(\lambda+i)u_\nu,\quad \nu=0,\ldots n-1.$$

Hieraus ergibt sich unmittelbar

$$(16)\quad u_1=\frac{\lambda+i}{\lambda-i}u_0,\quad u_2=\left(\frac{\lambda+i}{\lambda-i}\right)^2u_0,\quad\ldots\quad u_n=\left(\frac{\lambda+i}{\lambda-i}\right)^n u_0.$$

Aus (16) folgt nun

$$|u_0|=|u_1|=\cdots=|u_n|=\frac{1}{\sqrt{n+1}};$$

setzt man ferner

$$(17)\qquad \frac{\lambda+i}{\lambda-i}=e^{i\vartheta},\quad\text{also }\lambda=-i\,\frac{1+e^{i\vartheta}}{1-e^{i\vartheta}},$$

so wird aus der ersten Gleichung unter (15)

$$e^{(n+1)\vartheta i}=-1,\quad\text{also }\vartheta=\frac{\pi\cdot\nu}{n+1},\quad \nu=\pm1,\pm3,\ldots,$$

und aus (17) und (16)

$$\lambda=\operatorname{cotg}\frac{\pi}{2(n+1)},\quad u_\nu=e^{i\frac{\pi\nu}{n+1}}u_0,\quad \nu=1,2,\ldots n.$$

Entsprechend wird für $-u_\nu$ das Minimum $-\lambda$.

---

[1]) Eine ähnliche Überlegung schon bei G. Pick, Über die Wurzeln der charakteristischen Gleichungen von Schwingungsproblemen. Zeitschr. f. angew. Math. u. Mech. 2, 1922, S. 353—357.

Es ist also nach (13)

$$(18)\qquad \left|\sum_{k=1}^{n} a_k \beta_k\right| \leqq \operatorname{cotg} \frac{\pi}{2(n+1)}\text{[1]};$$

Gleichheit gilt hier nach (14) nur, wenn

$$a_k = 1,\ k = 1, 2, \ldots n, \text{ oder } a_k = -1,\ k = 1, 2, \ldots n,$$

und

$$(19)\qquad \begin{aligned} \tau(t) &= \frac{1}{n+1}\left|\sum_{\nu=0}^{n} e^{i\nu\left(\frac{\pi}{n+1} \pm t\right)}\right|^2 = \\ &= 1 + \frac{2}{n+1}\sum_{\nu=1}^{n}(n-\nu+1)\cos\nu\left(t \pm \frac{\pi}{n+1}\right), \end{aligned}$$

also

$$(19')\qquad \beta_\nu = \pm \frac{2}{n+1}(n-\nu+1)\sin\frac{\nu\pi}{n+1},\quad \nu = 1, 2, \ldots n.$$

Da man $a_k = \operatorname{sgn} \beta_k$ setzen kann, so folgt aus (18)

$$\sum_{k=1}^{n} |\beta_k| \leqq \operatorname{cotg}\frac{\pi}{2(n+1)};$$

auch hier gilt Gleichheit offenbar nur im Falle (19).

Zusammenfassend gilt der

Satz VI. Aus $1 + \sum_{\nu=1}^{n}(a_\nu \cos\nu t + \beta_\nu \sin\nu t) \geqq 0$ folgt

$$(20)\qquad \sum_{\nu=1}^{n} |\beta_\nu| \leqq \operatorname{cotg}\frac{\pi}{2(n+1)};$$

Gleichheit gilt nur im Falle (19').

Dagegen ist, wie ich schon in § 4 bemerkt habe,

$$\sum_{\nu=1}^{n} |a_\nu - i\beta_\nu| \leqq n,$$

und diese Schranke wird auch erreicht. Durch das in § 4 angewandte Verfahren erhält man ferner aus (20)

$$\sum_{\nu=1}^{\lambda} |\beta_{\nu k}| \leqq \lambda,\quad \lambda = \left[\frac{n}{k}\right];$$

Gleichheit gilt hier nur für

---

[1]) Für $a_k = 1$ schon in meiner Arbeit a. S. 188 a. O. 1).

$$\tau(t) = \frac{1}{\lambda+1}\left|\sum_{\nu=0}^{\lambda} e^{i\nu\left(t \pm \frac{\pi}{\lambda+1}\right)}\right|^2 \psi(t),$$

wobei $\psi(t)$ ein beliebiges nichtnegatives trigonometrisches Polynom von der Ordnung $n - k\lambda$ mit dem konstanten Gliede 1 ist.

Wendet man den Satz VI auf das trigonometrische Polynom (F) an, so ergibt sich

$$\sum_{\nu=1}^{n}(n-\nu+1)\,|\sin\nu\varphi| \leqq \frac{n+1}{2}\operatorname{cotg}\frac{\pi}{2(n+1)}, \quad -\pi < \varphi \leqq \pi;$$

Gleichheit gilt nur für $\varphi = \pm \frac{\pi}{n+1}$ [1]). Da nun

$$\operatorname{cotg}\frac{\pi}{2(n+1)} < \frac{2(n+1)}{\pi} \quad \text{und} \quad \sum_{\nu=1}^{n} \nu\,|\sin\nu\varphi| \leqq \frac{n(n+1)}{2}$$

ist, so folgt weiter

$$\sum_{\nu=1}^{n}|\sin\nu\varphi| < \frac{n+1}{\pi} + \frac{n}{2},$$

oder auch

$$\frac{1}{n+1}\sum_{\nu=1}^{n}|\sin\nu\varphi| < \frac{1}{\pi} + \frac{1}{2}.$$

---

[1]) Für die Ungleichungen $\left|\sum_{\nu=1}^{n}(n-\nu+1)\sin\nu\varphi\right| \leqq \frac{n+1}{2}\operatorname{cotg}\frac{\pi}{2(n+1)}$ und $\frac{1}{n+1}\left|\sum_{1}^{n}\sin\nu\varphi\right| < \frac{1}{\pi} + \frac{1}{2}$ vgl. man J. Schur, Bemerkung zur Theorie der beschränkten Bilinearformen mit unendlich vielen Veränderlichen. Journal für Math. 140, 1911, S. 1—28; insb. S. 22.

Zur Erklärung der Planetoidenlücken im Sonnensystem.

Von **Alexander Wilkens.**

Vorgetragen in der Sitzung am 2. Juli 1927.

Mangels exakter Erklärungen für die im System der Planetoiden des Sonnensystems bestehenden Lücken in Bezug auf die großen Achsen der Bahnen dieser Himmelskörper an den Stellen, die einer Kommensurabilität der mittleren Bewegung zu der des großen Planeten Jupiter entsprechen, hat man sich beinahe daran gewöhnt, die Existenz der Lücken kosmogonischen Ursachen, die aber noch unbekannt sind, zuzuschreiben. Seit Newcombs Erklärung (Astron. Nachr. 2617), daß einem Körper, der sich exakt oder sehr nahe an einer Kommensurabilitätsstelle in Bezug auf Jupiter befindet, in Bezug auf die Störungen seiner Bewegung nichts Ungewöhnliches passieren würde als mehr oder weniger irreguläre Schwankungen und daß sich dabei das Gleichgewicht unaufhörlich wieder herstellen würde, glaubte man, daß an den Kommensurabilitätsstellen, weil sich zur Zeit dort keine Körper vorfinden, dort niemals Körper vorhanden gewesen sind, und deshalb eine kosmogonische Ursache die Lücken verursacht haben müsse. Andererseits weiß man nach wie vor, daß die Störungen der Bahnelemente und Koordinaten in der Nähe der Kommensurabilitätsstellen infolge der Wirkungen der kleinen Divisoren in den Integralausdrücken hohe Beträge auch schon für kleine Zwischenzeiten erreichen, so daß die strenge analytische Darstellung der Bewegung kommensurabelnaher Körper auch nur für wenige Jahrzehnte eine Unmöglichkeit ist, trotz der vielen Versuche, die von Gyldén, Bohlin, Harzer, Brendel, Zeipel und anderen unternommen worden sind, die Differentialgleichungen so strenge als nur möglich zu integrieren; nur in dem Ausnahmefalle einer periodischen Lösung ist bisher eine strenge Lösung gelungen und zwar nach Potenzen der störenden Masse, was aber bei den allgemeinen Bahnen der nahekommensurablen Körper von vorneweg ausgeschlossen ist. Deshalb war von der analytischen Darstellung der Bewegung der kritischen Planeten, zumal die Konvergenz der angewandten Reihen zweifelhaft oder nichtig ist, eine Antwort auf die Frage nach der Ursache der Lückenentstehung nicht möglich. Hirayama hat die Lücken unter Heranziehung eines widerstehenden Mittels erklären wollen, Klose durch die Instabilität der periodischen Lösungen an verschiedenen Lücken außer der Hecubalücke, weil hier keine periodischen Lösungen 1. Sorte existieren, aber das widerstehende Mittel wie auch die Voraussetzung einer ursprünglich periodischen Lösung sind bis heute unbewiesene Hypothesen.

Bei der unabweisbaren Beziehung der großen Störungen der kommensurabelnahen Körper zur Anziehung des Jupiter ist es nun auffallend, daß man nach dem Mißerfolge der analytischen Untersuchung der Lücken auf Grund des Gravitationsgesetzes noch nicht den einzig möglichen Weg zur Entscheidung herangezogen hat, die Differentialgleichungen der Bewegung mittels mechanischer Quadratur zu integrieren. Wenn diese Methode auch langwierig ist und große Ansprüche an die Geduld stellt, so führt diese Methode aber doch bei jeder vorgelegten Genauigkeit zum Ziel und zur Zeit ist sie unter den vorhandenen Umständen der Unmöglichkeit der exakten Integrierbarkeit der Differentialgleichungen die einzige Methode, die zur Entscheidung der immer noch offenen Frage, ob die Lücken gravitationstheoretischen Ursprungs sind oder nicht, herangezogen werden kann. Hinzu kommt noch die Tatsache, daß der Hecubatypus, bei dem die mittlere Bewegung des Planetoiden nahezu das Doppelte der des Jupiter beträgt, analytisch bekanntlich der schwierigste Fall des Problems der Kommensurabilitäten ist.

Als zu integrierende Differentialgleichungen wurden die der Variation der oskulierenden Elemente gewählt, um sofort den Verlauf der Störungen dieser die Frage entscheidenden Größen zu erlangen. Bei der zunächst vorgenommenen Rechnung diente als vereinfachende Annahme die Voraussetzung, daß Jupiter und Hecuba, wie der gestörte Körper verschwindender Masse abkürzend bezeichnet werden soll, sich in derselben Ebene bewegen.

Ferner wurde in Bezug auf die Exzentrizität des Jupiter die einfachste Voraussetzung getroffen, nämlich $e' = 0$ angenommen; ebenso wurde angenommen, daß die Exzentrizität der Hecuba im Momente $t = 0$ der Opposition, von welchem Zeitpunkt ab die Bewegung untersucht wird, verschwindend ist. Als Jupitermasse diente die tatsächlich im Sonnensystem stattfindende Masse $m' = 1:1047.35$, um den engstmöglichen Anschluß an die Verhältnisse im Sonnensystem zu erreichen. Als Variable dienten die mittlere Bewegung n, die mittlere Länge l, und die Exzentrizitätsvariablen $\xi = e \sin \bar{\omega}$ und $\eta = e \cos \bar{\omega}$, wo e die Exzentrizität und ω die Perihellänge. Als Kontrolle der umfangreichen Rechnungen, bei denen ich von den Herren Dr. Heß und Schembor tatkräftigst unterstützt worden bin, diente außer der dauernd scharfen Prüfung der Differenzen als Generalkontrolle für alle Variablen das einzige im vorliegenden Falle des restringierten Dreikörperproblems existierende Jacobische Integral: $\frac{k^2}{2a} + kn'\sqrt{p} + m'\Omega = C$, wo p = Parameter der oskulierenden Ellipse, n' = mittlere Bewegung des Jupiter, Ω = Störungsfunktion und C die Jacobische Konstante. Als Integrationsintervall wurde die einer Jupiterbewegung um 4^0 in Länge entsprechende Zeit gewählt, d. h. 48.139 Tage, so daß der Jupiterumlauf in 90 Teile geteilt ist. Der Anfang der Integration wurde mehrfach mit immer erneuten Werten wiederholt, bis die Integration keine Änderung der Ausgangswerte mehr ergab und alsdann von Schritt zu Schritt schon in der ersten Rechnung eine sehr genaue Extrapolation der Störungen vorgenommen. Nach jedem Umlaufe des Jupiter fand der Übergang zu neuen Elementen statt. Bis jetzt wurde über 19 Umläufe des Jupiter, d. h. zeitlich über 2 Jahrhunderte integriert, resp. über 36 Umläufe von Hecuba.

Das Ergebnis der Untersuchung ist nun aus den beifolgenden Tabellen abzulesen (s. S. 200 u. 201). Da das Integrationsintervall $\omega = 4^0$ beträgt, so ist mit Rücksicht auf die Formeln der mechanischen Quadratur der Zeitpunkt der Epoche $= -\frac{1}{2}\omega$, sodaß die Argumente $90\,\omega$, $180\,\omega$ etc. den Moment der Vollendung des 1., 2. Umlaufes des Jupiter, also des 2., 4. Umlaufes etc. von Hecuba, vermehrt um die dem Intervall $\frac{1}{2}\omega$ entsprechende Zeit fixieren. In Bezug auf die mittlere Bewegung n sind hier nur die besonders interessie-

Minima der mittleren Bewegung.

Zeit	n		
$-{}^1/_2\omega$	598.″26		
		+0.″07	
$+89\omega$	.33		+0.15
		22	
+178	.55		0.15
		37	
267	.92		0.15
		52	
356	599.44		0.14
		66	
445	600.10		0.13
		79	
534	600.89		0.09
		88	
622	601.77		0.10
		98	
710	602.75		0.04
		1.02	
801	603.77		0.01
		1.03	
886	604.80		+0.04
		1.07	
973	605.87		−0.21
		0.86	
1061	606.73		−0.04
		0.82	
1148	607.55		−0.15
		0.67	
1235	608.22		−0.18
		0.49	
1322	608.71		−0.18
		0.31	
1409	609.02		−0.21
		+0.10	
1496	609.12		−0.19
		−0.09	
1583	609.03		

Längenstörung (mittlere Länge)

Zeit	$l - l_0$		
$-{}^1/_2\omega$	0° 0.′0		
		+2° 5.′6	
$+90\omega$	+2 5.6		+ 11.′8
		2 17.4	
180	4 23.0		+ 21.3
		2 38.7	
270	7 1.7		+ 32.2
		3 10.9	
360	10 12.6		+ 43.0
		3 53.9	
450	14 6.5		+ 51.9
		4 45.8	
540	18 52.3		+1° 0.6
		5 46.4	
630	24 38.7		+1 7.1
		6 53.5	
720	31 32.2		+1 11.5
		8 5.0	
810	39 37.2		+1 12.5
		9 17.5	
900	48 54.7		+1 10.9
		10 28.4	
990	59 23.1		+1 5.7
		11 34.1	
1080	70 57.2		+0 57.9
		12 32.0	
1170	83 29.2		+0 47.4
		13 19.4	
1260	96 48.6		+0 35.3
		13 54.7	
1350	110 43.3		+0 22.1
		14 16.8	
1440	125 0.1		+0 8.3
		14 25.1	
1530	139 25.2		−0 5.8
		14 19.3	
1620	153 44.5		

Perihellänge

Zeit	$\bar{\omega}$				
$-{}^1/_2\omega$	0°	0'			
$+90\omega$	267°	56			
			−1°	53'	
180	266	3			−5'
			−1	58	
270	264	5			−6
			−2	4	
360	262	1			−9
			−2	13	
450	259	48			−9
			−2	22	
540	257	26			−8
			−2	30	
630	254	56			−8
			−2	38	
720	252	18			−7
			−2	45	
810	249	33			−8
			−2	53	
900	246	40			−7
			−3	0	
990	243	40			−4
			−3	4	
1080	240	36			−5
			−3	9	
1170	237	27			−4
			−3	13	
1260	234	14			−2
			−3	15	
1350	230	59			−2
			−3	17	
1440	227	42			0
			−3	17	
1530	224	25			0
			−3	17	
1620	221	8			

Exzentrizität ($\varphi = \text{arc sin } e$)

Zeit	φ			
$-{}^1/_2\omega$	0°	0.'0		
			+32.'2	
$+90\omega$	0°	32.2		−0.6
			+31.6	
180	1	3.8		−0.1
			+31.5	
270	1	35.3		−0.3
			+31.2	
360	2	6.5		−0.4
			+30.8	
450	2	37.3		−0.8
			+30.0	
540	3	7.3		−1.1
			+28.9	
630	3	36.2		−1.7
			+27.2	
720	4	3.4		−2.1
			+25.1	
810	4	28.5		−2.6
			+22.5	
900	4	51.0		−2.8
			+19.7	
990	5	10.7		−3.2
			+16.5	
1080	5	27.2		−3.3
			+13.2	
1170	5	40.4		−3.3
			+9.9	
1260	5	50.3		−3.3
			+6.6	
1350	5	56.9		−3.3
			+3.3	
1440	6	0.2		−3.1
			+ **0.2**	
1530	6	0.4		−3.2
			− **3.0**	
1620	5	57.4		

renden Minima nebst den zugehörigen Argumenten tabuliert; bei der späteren ausführlicheren Publikation werden auch die Werte von n selbst für andere Zeitpunkte tabuliert werden. Die Minima für n treten zunächst immer nach Verlauf eines Intervalles von 89 ω, zum Schluß schon nach 87 ω auf. Es zeigt sich, daß die Minimalwerte, wie die Werte von n allgemein, dauernd wachsen, bis nach dem 17. Umlaufe, wie die 1. Differenz durch ihr negatives Vorzeichen ankündigt, die mittlere Bewegung wieder abzunehmen beginnt, nachdem die Geschwindigkeit der Zunahme der mittleren Bewegung nach dem 10. Umlaufe zwischen 886 ω und 973 ω ihr Maximum erreicht hatte. Der Ausgangswert von $n = 2n' = 598\overset{''}{.}2568$ ist übrigens das absolute Minimum von n, da, wie das Jacobische Integral zeigt, der Differentialquotient $de/da < 0$ im Beginn der Bewegung ist, so daß, weil $e = 0$ im Momente des Beginns der Bewegung und e deshalb nur positiv wachsen, a nur abnehmen, also n nur wachsen kann. Nach dem 16. Umlaufe ist der asymptotische Verlauf von n beendet und nunmehr, nach einer Gesamtänderung von n um $11''$, beginnt das Zeitalter der durch die Kommensurabilitätsnähe verursachten entsprechend langperiodischen Störungen ohne eine Rückkehr zur Kommensurabilitätsstelle.

Die Exzentrizität, dargestellt durch $\varphi = \text{arc} \sin e = \text{arc} \sin \sqrt{\xi^2 + \eta^2}$ nimmt, wie aus der Tabelle ersichtlich, von vorneweg dauernd zu, ganz unbehelligt durch die periodischen Störungen, aber die Zunahme wird dauernd verlangsamt, bis nach dem 17. Umlaufe eine Abnahme einzutreten beginnt, nachdem sich vorher schon in den unmittelbar vorhergehenden Umläufen, ab 1008 ω, kurze und schwache Oscillationen um den zeitweiligen Säkularwert gezeigt hatten, was auf der kurzen Tabelle nicht zum Ausdruck kommt; allmählich werden diese Oscillationen mit der Entfernung aus der Kommensurabilitätsstelle immer stärker. Bemerkenswert ist, daß die maximale Zunahme von φ pro Umlauf des Jupiter $32'$ beträgt, ein Betrag, der nicht als von der Ordnung der störenden Masse m' zu betrachten ist, ebensowenig wie die übrigen großen Störungsbeträge der anderen Bahnelemente. Der Endwert, um den schließlich die langperiodischen Störungen von e schwanken, entspricht $\varphi = 6^0$ d. h. $e = 0.10$. Das Verhalten von n und e zeigt also, daß die Lösung der Differentialgleichungen zu einer asymptotischen Bewegung geführt hat und der gestörte Körper auf Dauer nach Ablauf von 2 Jahrhunderten aus der Lücke entfernt wird, womit der gravitationstheoretische Beweis für die Ursache der Lücke erbracht ist.

In Bezug auf die Winkelvariablen, die Perihellänge $\bar{\omega}$ und die Längenstörung $l - l_0$, wo l_0 die ungestörte von der Opposition zur Zeit $t = 0$ $(-{}^1/_2\,\omega)$ gezählte Länge, ergibt sich, daß das Perihel, das zur Zeit $t = 0$ die Länge 0 hatte, da hier die Geschwindigkeit von Hecuba auf dem Radiussektor senkrecht steht, kurze Zeit vor der Opposition, wofür die Integration ebenfalls ausgeführt wurde, um die Länge 90^0 schwankt; sofort nach der Opposition springt die Perihellänge aber bei der zuerst minimen Exzentrizität auf $\omega = 270$, also um 180 gegen die Lage kurz vor der Opposition, und nimmt dann dauernd ab, um nach 18 Umläufen den Wert $\omega = 221^0$ zu erreichen, sodaß es den Anschein hat, als wenn das Perihel sich dem Werte $\omega = 180$ als Grenze nähern würde. Das sogenannte kritische Glied der Hecubabewegung $f = l - 21' + \bar{\omega}$ ist dauernd wachsend, sodaß das Glied also keiner Libration unterliegt.

Die Längenstörung $l - l_0$ wächst mit positiver Beschleunigung dauernd an, bis mit dem 17. Umlauf die Beschleunigung negativ wird, nachdem sie bei $810\,\omega = 9$ Umläufen das positive Maximum der Beschleunigung im Betrage von $1^0\,12'$ pro Umlauf erreicht hatte.

Allgemein ergibt sich also, daß nach Ablauf von $1530\,\omega =$ 17 Umläufen das Ende der asymptotischen Entfernung aus der Kommensurabilitätsstelle erreicht worden ist, sodaß von diesem Zeitpunkt ab die irreguläre Oscillation um die alsdann erreichte Lage stattfindet, ohne daß aber die Kommensurabilitätsstelle wieder erreicht werden könnte.

Zur Ergänzung wäre noch festzustellen, wie die Bewegung derjenigen Körper sich verhält, die im Momente $t = 0$ nicht an der strengen Stelle der Kommensurabilität, sondern in der Nachbarschaft ihre Bewegung beginnen. Deshalb habe ich analoge Rechnungen wie oben an den Stellen, wo $n = 2n' - 1'' = 597.26$ und $n = 2n' - 10''$ etc. begonnen, d. h. bei Lagen, die sich außerhalb der Kommensurabilitätsstelle befinden, weil die innerhalb der Kommensurabilitätsgrenze gelegenen Körper bei $e = 0$ dem Jacobischen Intregal zufolge nur nach innen in Richtung zur Sonne laufen können, also im Gegensatz zu den außerhalb die Bewegung beginnenden Körpern niemals die Kommensurabilitätsgrenze überschreiten können. Es zeigt sich, daß im 1. Falle, wo $n = 597''.26$, der Körper sich der Kommensurabilitätsstelle nähert und sie von außen nach innen überschreitet. Es bleibt also die Ermittlung derjenigen Stelle resp. mittleren Bewegung, bei der keine Überschreitung der Grenze mehr möglich ist, indem die mittlere Bewegung so weit von der Kommensurabilität entfernt ist, daß jetzt nur noch wesentlich kurzperiodische Störungen auftreten und der Körper sich nicht mehr an die Kommensurabilitätsstelle heranbewegen kann. Dadurch wäre dann die Breite der Lücke fixiert. Die ausführlichere Darstellung und Weiterführung der obigen Ergebnisse bleibt weiteren Mitteilungen vorbehalten.

www.ingramcontent.com/pod-product-compliance
Lightning Source LLC
Chambersburg PA
CBHW031448180326
41458CB00002B/686